测量学习题集

臧立娟　王凤艳　冷亮　王明常　编写

图书在版编目(CIP)数据

测量学习题集/臧立娟等编写. —武汉:武汉大学出版社,2022.3
ISBN 978-7-307-22803-0

Ⅰ.测… Ⅱ.臧… Ⅲ.测量学—高等学校—习题集 Ⅳ.P2-44

中国版本图书馆 CIP 数据核字(2021)第 263730 号

责任编辑:鲍 玲　　责任校对:李孟潇　　版式设计:韩闻锦

出版发行:**武汉大学出版社**　(430072　武昌　珞珈山)
　　　　　(电子邮箱:cbs22@whu.edu.cn 网址:www.wdp.com.cn)
印刷:武汉中科兴业印务有限公司
开本:787×1092　1/16　印张:9.25　字数:146 千字　插页:1
版次:2022 年 3 月第 1 版　　2022 年 3 月第 1 次印刷
ISBN 978-7-307-22803-0　　定价:29.00 元

版权所有,不得翻印;凡购买我社的图书,如有质量问题,请与当地图书销售部门联系调换。

前　言

《测量学习题集》由吉林大学地球探测科学与技术学院测绘工程系教师编写，该书是武汉大学出版社出版的《测量学》（2018 版）、《测量学实验实习指导》（2021 版）的配套教材，主要为了满足吉林大学地学部非测绘专业学科基础课测量学教学需要而编写的。

参与本书修改的教师还有张旭晴、叶应辉、夏自进、冯国强、于小平等，以上所有教师都参与了测量学课程的理论教学与实践教学。

由于作者水平有限，书中疏漏之处在所难免，欢迎各位同行和读者批评指正。

编　者

2021 年 8 月

目 录

第一部分 理论教学 ··· 1
    第1章 绪论 ··· 3
    第2章 角度测量 ·· 5
    第3章 距离测量 ·· 8
    第4章 高程测量 ··· 10
    第5章 测量误差基础知识 ·· 12
    第6章 小区域控制测量 ·· 14
    第7章 地形图测绘及应用 ·· 19
    第8章 施工测量的基本工作 ··· 22
    第9章 地质勘探工程测量 ·· 33
    第10章 物化探工程测量 ··· 34
    第11章 建筑工程测量 ·· 36
    第12章 道路工程测量 ·· 41

第二部分 实习教学 ·· 43
    实习一 地籍测量实习 ·· 45
    实习二 物化探测量实习 ··· 47
    实习三 土木工程测量实习 ·· 49

第三部分 参考答案 ·· 53

参考文献 ·· 144

第一部分　理 论 教 学

第 1 章 绪　　论

1. 什么是大地水准面？大地水准面是规则的几何面吗？为什么？
2. 测绘外业工作的基准面和基准线分别是什么？
3. 地球椭球体元素有哪些？
4. 我国采用过哪些地球椭球体？分别建立了什么坐标系？
5. 测量坐标系有几类？分别是什么坐标系？
6. 大地坐标系是如何定义的？
7. 三维空间直角坐标系是如何定义的？
8. 高斯投影具有哪些变形特征？
9. 高斯投影采用分带投影的目的是什么？
10. 高斯投影如何分带？每带中央经线的经度与带号有何关系？
11. 某地面点的地理坐标为（125°E，44°N），计算该点所在 6°带、3°带的带号及中央经线的经度。
12. 3°带、6°带高斯投影分别适用于多大比例尺地形图？
13. 高斯平面直角坐标系是如何定义的？
14. 我国某点的高斯通用坐标为 $X = 3234567.89$m，$Y = 38432109.87$m，问：该点坐标是按几度带投影？该点位于第几带？该带中央经线的经度是多少？该点与赤道的距离是多少？与中央经线的距离是多少？
15. 测量平面直角坐标系与数学平面直角坐标系有何不同？
16. 什么是绝对高程、相对高程、高差？高差 h_{AB} 等于 h_{BA} 吗？
17. 我国现行的高程基准是什么？水准原点在哪里？

18. 测量工作的基本原则是什么？如何理解？
19. 地球曲率对观测量有何影响？
20. 通过已知点来确定未知点空间位置，需要哪些最基本的观测数据？

第 2 章　角 度 测 量

1. 什么是水平角？取值范围是怎样的？

2. 计算水平角为什么用右方向观测值减左方向观测值？右方向观测值减左方向观测值如果为负值应该怎么办？

3. 使用全站仪测量水平角时，同一竖直面内，不同高度的目标在水平度盘上的读数是否相等？为什么？

4. 什么是垂直角？取值范围是怎样的？什么是天顶距？取值范围是怎样的？垂直角与天顶距有何关系？

5. 全站仪有哪些轴线？各轴线之间应该满足怎样的几何关系？

6. 什么是视差？为什么会产生视差？如何消除视差？

7. 角度观测时，对中整平的目的是什么？

8. 角度测量为什么要采用两个盘位进行观测？什么是上半测回和下半测回？

9. 多测回观测水平角，为什么要配置起始方向度盘读数？观测 3 测回时，各测回起始方向度盘如何配置？

10. 测回法和方向（全圆）观测法分别适用什么情况？

11. 计算测回法水平角观测手簿（见表 2-1）。

12. 计算方向观测法水平角观测手簿（见表 2-2）。

13. 垂直角观测时，若望远镜仰起时，盘左度盘读数减小，如何计算盘左、盘右垂直角观测值？若望远镜仰起时，盘左度盘读数增大，如何计算盘左、盘右垂直角观测值？

14. 什么是竖直度盘指标差？如何消除指标差对垂直角观测的影响？

15. 已知竖直度盘顺时针注记，计算垂直角观测手簿（见表 2-3）。

表 2-1　　　　　　　　　　　测回法水平角观测手簿

测站	测回	盘位	目标	水平度盘读数 °	′	″	半测回水平角 °	′	″	一测回水平角 °	′	″	测回平均水平角 °	′	″
O	1	左	A	00	20	06									
			B	42	45	00									
		右	A	180	20	00									
			B	222	45	06									
O	2	左	A	90	40	06									
			B	133	05	06									
		右	A	270	40	12									
			B	313	05	18									

表 2-2　　　　　　　　　　　方向观测法水平角观测手簿

测站	测回	目标	水平度盘读数 盘左 °	′	″	盘右 °	′	″	2C ″	盘左盘右平均读数 °	′	″	归零方向值 °	′	″	归零方向值平均值 °	′	″
P	1	A	0	00	00	180	00	06										
		B	36	21	36	216	21	36										
		C	108	25	48	288	25	54										
		D	235	54	54	55	54	48										
		A	359	59	54	180	00	06										
P	2	A	90	00	00	269	59	54										
		B	126	21	30	306	21	42										
		C	198	25	36	18	25	54										
		D	325	54	42	145	54	42										
		A	89	59	54	270	00	06										

表 2-3　　　　　　　　　　　　　　　垂直角观测手簿

测站	目标	盘位	竖盘读数			半测回垂直角			一测回垂直角			测回平均垂直角		
			°	′	″	°	′	″	°	′	″	°	′	″
C	A	左	85	43	36									
		右	274	16	24									
	A	左	85	43	30									
		右	274	16	24									
C	B	左	96	23	36									
		右	263	36	24									
	B	左	96	23	30									
		右	263	36	30									

16. 同一测站两次安置仪器，分别观测 A、B 间的水平角，在不考虑误差的情况下，两次观测结果有何异同？为什么？同一测站两次安置仪器，分别观测 A 点的垂直角，两次观测结果有何异同？为什么？

17. 测角仪器常规检验与校正的内容有哪些？

18. 角度测量时，主要误差来源有哪些？盘左盘右观测可以消除哪些误差影响？

第 3 章 距 离 测 量

1. 在测量工作中,常用的距离测量方法有哪些?

2. 如果采用钢尺量距,超过一个尺段需要定线,定线方法有几种?各有什么特点?

3. 钢尺检定有何意义?解释钢尺检定方程式中符号含义。

4. 采用名义长度为 50m 的钢尺测量某段距离,观测值为 45.639m,钢尺检定方程式为 $l = 50\text{m} + 0.006\text{m} + 1.21 \times 10^{-5} \text{m/m} \cdot ℃ \times 50\text{m} \times (t - 24℃)$,坡度为 3%,测距温度 26℃,计算改正后的水平距离。

5. 钢尺测距的误差来源有哪些?如何减弱或消除误差?

6. 如图 3-1 所示,说明视距测量的原理(视线水平)。

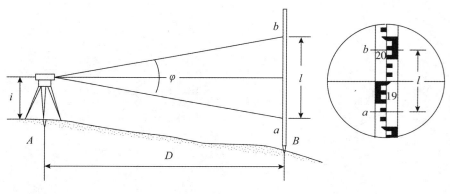

图 3-1 视距测量原理

7. 视距测量精度比较低,主要是什么因素造成的?

8. 电磁波测距的基本原理是什么?脉冲式测距和相位式测距的原理有何

区别？

9. 全站仪既可以测角，又可以测距，简单说明实现同时测角和测距原理？

10. 全站仪配套使用的工具有哪些？作用分别是什么？

11. 电磁波测距分为有棱镜测距和无棱镜测距两种模式，两者在应用上有何区别？

12. 全站仪的直接观测值是斜距还是平距？

13. 电磁波测距有哪些改正计算和归化计算？

14. 电磁波测距误差来源有哪些？

15. 说明测距仪标称精度 $a+b \cdot S$ 中符号含义及单位。

16. 电磁波测距仪检验校正的内容有哪些？

第4章 高程测量

1. 高程测量的方法有几种？
2. 结合图4-1，说明水准测量的原理。

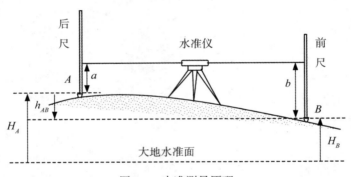

图4-1 水准测量原理

3. 水准测量时，若 A、B 两点之间高差 $h_{AB} > 0$，后视读数大还是前视读数大？哪个点高？
4. 一测站水准测量，后视点 A 水准尺读数 $a = 1857$，前视点 B 水准尺读数 $b = 1356$，则高差 h_{AB} 是多少？若 A 点高程 $H_A = 100.023$m，则 B 点的高程 H_B 是多少？
5. 光学水准仪主要由哪几部分组成？
6. 结合图4-2，说明水准仪自动安平的工作原理。
7. 水准仪配套使用的工具主要有哪些？作用分别是什么？
8. 精密水准尺与双面水准尺的用途有什么区别？
9. 光学水准仪与电子水准仪的区别是什么？
10. 双面水准尺可以直接读取几位数？同一测站用黑面读数计算的高差和用

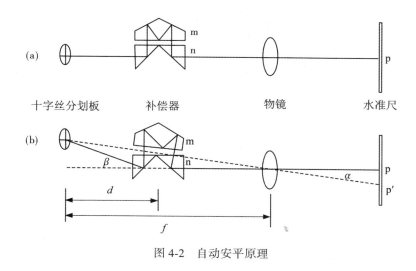

图 4-2 自动安平原理

红面读数计算的高差是相等的吗？为什么？

11. 什么是转点？转点的作用是什么？
12. 转点上为什么用尺垫？待测高程点上是否用尺垫？
13. 面水准测量时，如何计算测点高程？
14. 水准测量的误差来源主要有哪些？如何减弱或消除？
15. 光学水准仪检验校正内容主要有哪些？
16. 结合图 4-3，说明三角高程测量的原理。

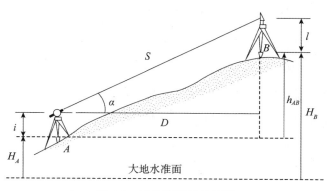

图 4-3 三角高程测量原理

17. 三角高程测量的主要误差来源是什么？如何减弱或消除？

第5章 测量误差基础知识

1. 如何说明观测误差是客观存在的?
2. 测量误差的来源有几个方面?举例说明。
3. 什么是观测条件?观测条件对观测结果有何影响?
4. 根据误差性质,观测误差分为哪几类?各有什么特点?在测量工作中如何处理?
5. 粗差是怎么产生的?工作中如何控制?
6. 什么是多余观测?为什么要进行多余观测?
7. 什么是真误差?举例说明什么情况下可以获得真误差?
8. 在相同观测条件下,大量偶然误差具有统计规律性,统计规律性的内容包括哪些?
9. 如何根据误差分布曲线描述观测值精度的高低?
10. 用中误差评定观测值精度的依据是什么?
11. 相对中误差是如何定义的?主要用于哪些观测量的精度评定?
12. 极限误差有什么作用?如何确定极限误差?
13. 偶然误差传播定律阐述的内容是什么?
14. 圆的半径测量值及其中误差为 $r = 20m \pm 3.0cm$,计算圆的周长及其中误差。
15. 三角形两个内角观测值及其中误差分别为 $\alpha = 56° \pm 5''$,$\beta = 72° \pm 6''$,计算第三个内角 γ 及其中误差。
16. 矩形边长测量值及其中误差分别为 $m = 102.693 \pm 0.100m$,$n = 85.270 \pm 0.050m$,计算矩形面积及其中误差。

17. 三角形面积公式 $S = \dfrac{1}{2}ab\sin\theta$，a、b 为两边长，θ 为 a、b 夹角。观测值及其中误差分别为 $a = 40.503\text{m} \pm 0.050\text{m}$，$b = 63.250\text{m} \pm 0.080\text{m}$，$\theta = 36° \pm 1'$，计算三角形面积及其中误差。

18. 两点间水平距离及其中误差为 $S \pm \sigma_S$，方位角及其中误差为 $\alpha \pm \sigma_\alpha$，如何计算横向误差、纵向误差、点位误差？

19. 什么是等精度观测？如何计算等精度观测值的最可靠值及其中误差？

20. 在相同观测条件下，对某段距离进行 12 次观测，观测值分别为 50.360m、50.361m、50.363m、50.364m、50.359m、50.358m、50.362m、50.360m、50.357m、50.364m、50.356m、50.360m，计算该段距离最可靠值及其中误差。

21. 什么是权？权有何实用意义？

22. 什么是不等精度观测？如何计算不等精度观测值的最可靠值及其中误差？

23. 分别从三个已知点测量待定点 P 的高程，距离分别为 2.5km、1.6km、2.0km，以每千米高差观测为单位权观测，单位权中误差为 3.0mm，计算 P 点高程中误差。

24. 改正数与真误差有何区别？

25. 观测值中误差计算方法有几种？分别在什么情况下使用？

26. 测量平差准则是最小二乘准则，算术平均值、带权平均值符合最小二乘准则吗？

第6章　小区域控制测量

1. 控制测量的作用是什么？原则是什么？
2. 平面控制测量方法有哪些？
3. 高程控制测量方法有哪些？
4. 测量工作标准方向有几种？分别是如何定义的？
5. 什么是坐标方位角？取值范围怎样？
6. 如何根据坐标计算方位角？写出计算公式。
7. 已知 A（100，100），B（200，200），C（200，-200），D（-200，200），E（-200，-200），计算方位角 α_{AB}、α_{AC}、α_{AD}、α_{AE}。
8. 已知点 M（200.063m，-100.231m），方位角 $\alpha_{MN}=45°$，距离 $D_{MN}=105.986$m，计算 N 点坐标。
9. 支导线计算（见表6-1）。

表6-1　　　　　　　　　　支导线计算表

点号	水平角 ° ′ ″	方位角 ° ′ ″	边长 S(m)	坐标增量		坐标	
				ΔX(m)	ΔY(m)	X(m)	Y(m)
A'	左角	89　34　52					
$A(1)$	102　25　34					231.260	-258.364
2	100　23　12		68.321				
3	98　27　58		50.692				
4			58.364				

10. 附合导线计算（见表6-2）。

表6-2　　　　　　　　　　　　附合导线计算表

点号	水平角 ° ′ ″	方位角 ° ′ ″	边长 S(m)	坐标增量 ΔX(m)	坐标增量 ΔY(m)	坐标 X(m)	坐标 Y(m)
M′	左角	174　25　24					
M	91　37　33					4497630.474	566357.303
			49.505				
1	146　23　19						
			62.636				
2	241　26　13						
			54.937				
3	145　29　49						
			45.458				
4	126　56　41						
			37.028				
5	137　04　05						
			35.618				
N	79　54　03					4497725.515	566557.489
		243　17　30					
N′							

闭合差及检核：

$f_\alpha = \alpha_0 + n \cdot 180° \pm \sum_{i=1}^{n} \beta_i - \alpha_n =$

$f_{\alpha 限} = 40''\sqrt{n} =$

$f_X = X_1 + \sum_{i=1}^{n-1} \Delta X_{i(i+1)} - X_n =$

$f_Y = Y_1 + \sum_{i=1}^{n-1} \Delta Y_{i(i+1)} - Y_n =$

$f = \sqrt{f_X^2 + f_Y^2} =$

$\dfrac{1}{T} = \dfrac{f}{\sum_{i=1}^{n-1} D_{i(i+1)}} \leq \dfrac{1}{4000}$

导线略图：略

11. 交会计算

如图6-1所示，已知点 M（312.567m，725.951m），N（300.112m，

1002.369m)。P 为待定点,根据给出的观测数据计算 P 点坐标。

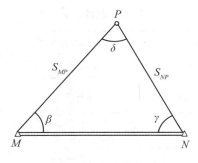

图 6-1 交会计算

(1) 若观测值 β = 55°45′30″,γ = 63°20′10″,用角度交会法计算 P 点坐标。

(2) 若 S_{MP} = 203.145m,S_{NP} = 189.532m,用边长交会法计算 P 点坐标。

(3) 在问题(2)边长交会的基础上,观测角 δ = 89°31′30″,用边角交会法计算 P 点坐标。

12. 单一水准路线有几种?各有什么特点?

13. 三、四等水准测量测站观测顺序是怎样的?

14. 四等水准测量记录手簿计算(见表6-3)。

表 6-3　　　　　　　　四等水准测量记录手簿

测站	目标	后尺 上丝读数	后尺 下丝读数	后视距(m)	视距差(m)	前尺 上丝读数	前尺 下丝读数	前视距(m)	累积差(m)	方向及尺号	中丝读数 黑面	中丝读数 红面	黑面高差	红面高差	k+黑-红(mm)	高差中数(m)	备注
1	S1 | S2	1023 0659				1546 1189				后 前 后-前	0869 1412	5658 6100					$k_后$ = 4787 $k_前$ = 4687

续表

测站	目标	后尺 上丝读数 / 下丝读数 / 后视距（m）/ 视距差（m）	前尺 上丝读数 / 下丝读数 / 前视距（m）/ 累积差（m）	方向及尺号	中丝读数 黑面	中丝读数 红面	k+黑-红（mm）	高差中数（m）	备注
2	S2 — S3	0978 / 0572 / /	1356 / 0937 / /	后 前 后-前	0771 1146	5460 5935			$k_后$ = 4687 $k_前$ = 4787

15. 附合水准路线计算（见表6-4）。

表6-4　　　　　　　　　附合水准路线计算表

点号	距离（km）	观测高差（m）	高差改正数（mm）	改正后高差（m）	高程（m）	备注
BM1					263.351	
1	1.0	−1.023				
2	2.3	+0.689				
3	0.9	+1.235				
BM2	1.1	−2.510			261.760	
$\sum$						

闭合差及检核：

$f_h = \sum h - (H_{BM2} - H_{BM1}) =$

$f_{h限} = 20\sqrt{\sum D(\text{km})} =$

水准路线略图：略

16. 一个节点水准网计算：分别从已知水准点 M、N、Q 测量 O 点高程，测站数分别为 10、8、11，已知点高程分别为 H_M = 168.113m，H_N = 170.892m，H_Q = 167.245m，观测高差分别为 h_{MO} = 3.600m，h_{NO} = 0.831m，h_{QO} = 4.468m，计算 O 点高程及中误差。

17. 全球现有的 GNSS 系统主要有哪些？
18. GPS 是由哪几部分组成的？
19. GNSS 测量具有哪些优势？
20. 简述 GNSS 定位的基本原理。
21. 简述 GNSS 伪距定位测量的基本原理。
22. 按照误差来源，GNSS 测量误差可以分为哪几类？
23. 什么是多路径误差？怎样减弱多路径误差对 GNSS 测量的影响？
24. GNSS 控制测量常用的布网形式有哪几种？
25. 跟踪站式 GNSS 网的特点是怎样的？
26. 会战式 GNSS 网的布网形式和特点是怎样的？
27. 多基准站式 GNSS 网的布网形式及特点是怎样的？
28. 同步图形扩展式 GNSS 网的布网形式及特点是怎样的？
29. 单基准站式 GNSS 网的布网形式及特点是怎样的？
30. GNSS 网的选点要求有哪些？
31. 提高 GNSS 网精度的方法有哪些？
32. 布设 GNSS 网时起算点的选取与分布的要求是怎样的？
33. GNSS 网平差包括哪几个步骤？
34. RTK 测量的基本原理是什么？
35. RTK 技术在地学中有哪些应用？
36. 采用 RTK 进行工程放样具有哪些优点？

第7章 地形图测绘及应用

1. 什么是地形图比例尺？比例尺精度有何意义？
2. 地形图图式内容包括哪些？
3. 什么是等高线？等高线有哪些特性？
4. 什么是等高距、等高线平距和地面坡度？它们三者之间的关系如何？
5. 什么是经纬（梯形）分幅？简要说明1∶100万地形图分幅编号的方法。
6. 什么是矩形分幅？矩形分幅如何编号？
7. 某地经度114°06′E，纬度22°12′N，试求该地所在1∶100万、1∶50万、1∶25万、1∶10万、1∶1万图幅的编号。
8. 已知1∶10000地形图编号为I47G010010，试计算图廓西南角经度和纬度。
9. 图根控制测量方法有哪些？
10. 在大比例尺数字化测图时，如何选择地物特征点及地貌特征点？
11. 数字化测图系统是怎么构成的？
12. 等高线插绘原理是什么？如何插绘等高线？
13. 地形图图廓外有哪些内容？
14. 数字地形图与纸质地形图有何区别？
15. 在地形图上，如何根据限定坡度设计最短路线？
16. 根据地形图制作地形断面图的步骤是怎样的？
17. 按要求在地形图（见图7-1）上进行量测，量测结果精确到分米。

（1）A点和B点的高程；

（2）B点到导线点D123的高差；

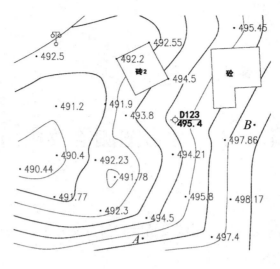

图 7-1 地形图

(3) 写出图中的地物名称。

18. 按要求在地形图（见图 7-2）上进行量测，量测结果角度单位精确到度，长度单位精确到分米。

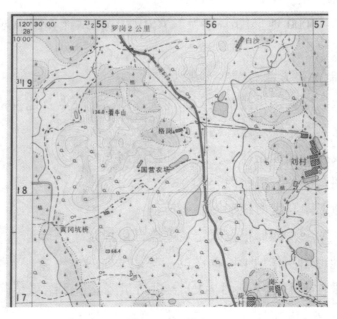

图 7-2 地形图

（1）计算看牛山最高点的高程；

（2）计算看牛山最高点的平面坐标；

（3）计算看牛山最高点到图根点（高程 68.4m）方向的坐标方位角和水平距离；

（4）写出图中三种主要植被的名称。

第8章 施工测量的基本工作

1. 工程建设一般分为哪几个阶段？各阶段的主要测量工作是什么？
2. 什么是施工测量？其主要任务是什么？
3. 测量和测设有什么不同？
4. 什么是建筑限差？依据哪些因素确定建筑限差？并举例说明。
5. 如何确定放样精度？
6. 按照施工放样的基本内容，一般分为哪几类放样？按照施工放样的组织程序，一般分为哪两类放样？
7. 平面点位放样和高程放样的方法有哪些？
8. 什么是直接法放样？什么是归化法放样？
9. 什么是角度放样？通过图 8-1 说明正倒分中法角度放样的步骤。若采用归化法，结合图 8-2 说明如何放样？

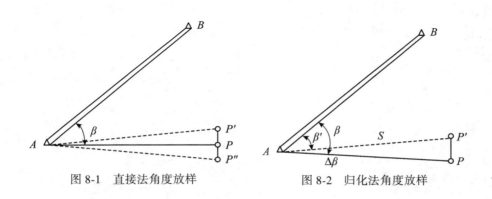

图 8-1　直接法角度放样　　　　图 8-2　归化法角度放样

10. 结合图 8-3 说明极坐标法点位放样的原理和步骤，并写出放样点位中误差估算公式。

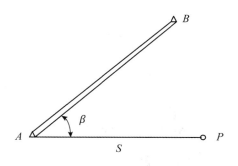

图 8-3 极坐标法点位放样

11. 简要说明直角坐标法点位放样的适用场合及理由，结合图 8-4 说明放样步骤并写出点位放样中误差估算公式。

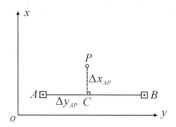

图 8-4 直角坐标法点位放样

12. 方向线交会法点位放样适用于什么场合？结合图 8-5 说明如何放样？放样方法与前方交会法有何区别？

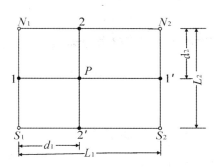

图 8-5 方向线交会法点位放样

13. 结合图 8-6 说明如何计算角度交会法点位放样数据？

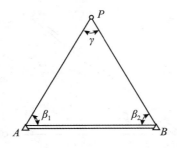

图 8-6　前方交会法点位放样

14. 角度交会法放样点位的交会角应尽量控制在什么范围？
15. 全站仪坐标放样与 RTK 坐标放样有何不同？
16. 举例说明哪些施工场合需要进行高程放样？
17. 采用水准测量法进行高程放样，有一般法、倒尺法和悬尺法，各适用于什么情况？
18. 结合图 8-7 说明如何使用不量高全站仪垂距测量法进行高程放样？该法有何优点？

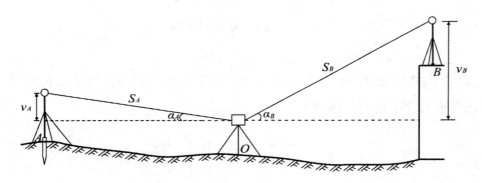

图 8-7　不量高全站仪垂距测量法高程放样

19. 什么是内插定线？什么是外插定线？
20. 简述铅垂线放样的几种方法。
21. 如图 8-8 所示，A、B 为道路施工测量的两个实地位置，若 A 点的设计

高程为 H_A，A、B 之间的设计坡度为 i_{AB}，水平距离为 S_{AB}，如何放样 A、B 之间的设计坡度线？

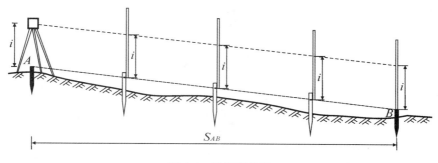

图 8-8　坡度线放样

22. 什么是平面曲线、竖曲线和立交曲线？

23. 缓和曲线和单圆曲线有何不同？

24. 单圆曲线的主点包括哪几个？都用什么符号表示？根据图 8-9，说明圆曲线的要素有哪些？

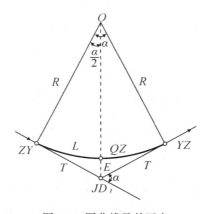

图 8-9　圆曲线及其要素

25. 如何根据曲线半径 R 和偏角 α 计算圆曲线的切线长 T、曲线长 L、外矢距 E 和切曲差 q？

26. 写出单圆曲线主点里程的计算公式。

27. 如图 8-10 所示，说明单圆曲线主点放样方法。

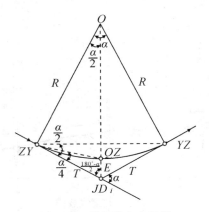

图 8-10　圆曲线主点放样

28. 如图 8-11 所示，说明偏角法放样单圆曲线细部点的方法。

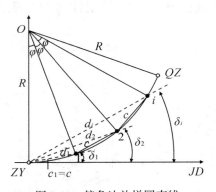

图 8-11　偏角法放样圆直线

29. 如图 8-12 所示，说明切线支距法放样单圆曲线细部点的方法。

30. 如图 8-13 所示，说明采用主点设站的全站仪极坐标法放样单圆曲线细部点的方法。

31. 什么是自由设站法？如图 8-14 所示，当曲线主点不能设站时，如何采用自由设站法实现单圆曲线细部点放样？

32. 如图 8-15 所示，问：带有缓和曲线的圆曲线主点包括哪几个？都用什么符号表示？其曲线要素如何计算？

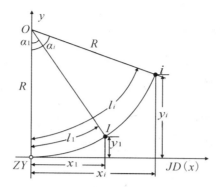

图 8-12　切线支距法放样圆曲线

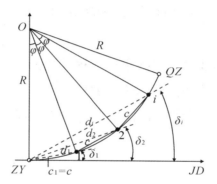

图 8-13　全站仪极坐标法放样圆曲线

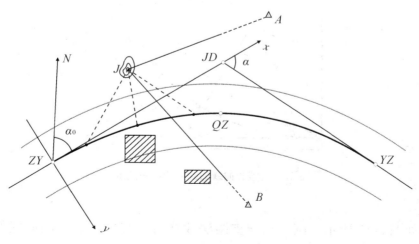

图 8-14　全站仪自由设站法放样圆曲线

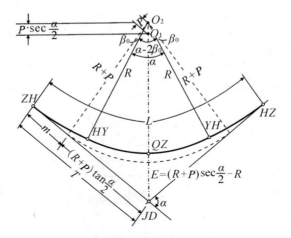

图 8-15 带有缓和曲线的圆曲线

33. 写出带有缓和曲线的圆曲线主点里程计算公式。
34. 说明带有缓和曲线的圆曲线主点放样方法。
35. 如图 8-16 所示,阐述偏角法放样带有缓和曲线的圆曲线细部点的方法。

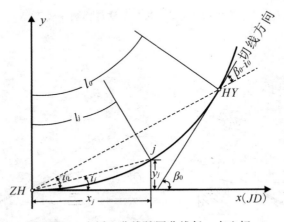

图 8-16 有缓和曲线的圆曲线任一点坐标

36. 如图 8-17 所示,阐述切线支距法放样带有缓和曲线的圆曲线细部点的方法。

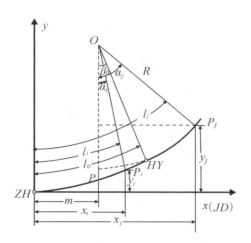

图 8-17 有缓和曲线的圆曲线任一点坐标

37. 采用全站仪自由设站法放样带有缓和曲线的圆曲线细部点的两个关键要点是什么？

38. 何种情况下需要设定复曲线？如图 8-18 所示，说明复曲线放样的关键要点是什么？

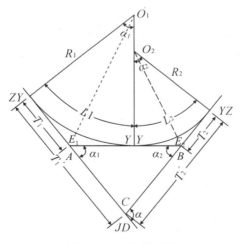

图 8-18 复曲线测设

39. 什么是变坡点？什么是坡度代数差？在何种情况下需要加设竖曲线？

40. 如图 8-19 所示，写出计算竖曲线要素的实用公式。

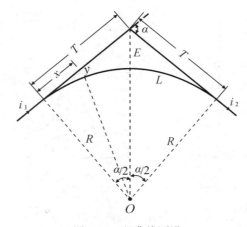

图 8-19　竖曲线测设

41. 说明竖曲线放样方法。

42. 已知：圆曲线偏角 $\alpha = 68°42'$，半径 $R = 100$m，交点里程为 DK2 + 254.02m，要求：

（1）计算曲线要素及主点里程；

（2）说明曲线主点的放样步骤。

43. 如图 8-20 所示，根据已知点 A、B 采用极坐标法放样 P 点，仅考虑测角、量距误差时，要求：

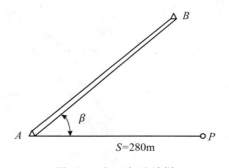

图 8-20　极坐标法放样

（1）写出 P 点的点位中误差公式。

（2）设 $m_S = 5$mm，若要求 $m_P \leq 10$mm，则测角中误差 m_β 应为多少？

44. 如图 8-21 所示，欲在大木桩 D 上放样出高程 156.000m，已知点 A 的高程为 $H_A = 171.000$m，标尺及悬挂钢尺读数分别为 $a = 1.500$m，$b = 1.200$m，$c = 16.430$m。要求：

（1）计算 D 点上的标尺读数。

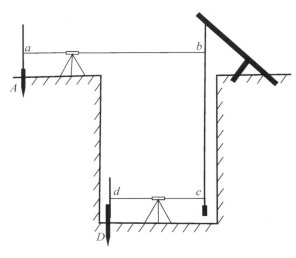

图 8-21　高程放样

（2）说明如何标出 156.000m 的高程位置。

45. 已知 A、B、C 为地面控制点，之间可通视，P 为待放样点，坐标见表 8-1，要求：

（1）根据 A、B、C 坐标画出略图。如用极坐标法放样，选哪两个控制点？

（2）计算极坐标法放样数据。

（3）结合放样数据写出放样步骤。

表 8-1　　　　　　　　　　控制点及放样点的坐标

点号	X（m）	Y（m）
A	50.433	90.465

续表

点号	X (m)	Y (m)
B	130.915	60.625
C	90.564	40.258
P	80.00	100.00

第 9 章　地质勘探工程测量

1. 什么是地质勘探？其工作目的是什么？
2. 地质勘探一般分为哪两个阶段？各阶段主要任务是什么？
3. 除地质观察外，你还了解哪些勘探方法？
4. 什么是地质勘探工程测量？
5. 地质勘探工程测量主要任务有哪些？
6. 什么是大比例尺地质填图？为什么要进行大比例尺地质填图工作？
7. 地质填图比例尺和哪些因素有关？常用工作比例尺是多少？如何完成填图工作？
8. 如何布置地质观察路线？
9. 野外地质观察点如何选取？
10. 如何进行勘探网设计？
11. 钻孔测量的内容有哪些？
12. 在什么情况下使用探槽、探井、取样钻孔等勘探工程？如何将勘探工程布设于实地？
13. 什么是勘探线剖面测量？勘探线剖面图有何作用？
14. 地质勘探剖面测量的主要工作有哪些？
15. 简述剖面图绘制步骤。

第10章 物化探工程测量

1. 什么是物化探工程测量？
2. 规则测网和非规则测网各适用于多大比例尺的物化探工作？它们是如何布设于实地的？
3. 测网密度如何表示？说明它与工作比例尺的相关性。
4. 如何根据物化探工作比例尺确定测网的线距和点距？
5. 规则测网中的自由网和固定网有何不同？
6. 测网的布设方式有哪些？
7. 物化探测量的主要任务有哪些？
8. 说明物化探测网设计的主要步骤。
9. 物化探测量的测区范围如何划定？
10. 物化探测网的基线起何作用？如何确定基线位置？
11. 如何确定物化探测网的测线方位？
12. 说明物化探测网的测点编号的基本原则。
13. 物化探测网如何施测？
14. 为什么要进行物化探测网的高程测量？高程测量可采用什么方法？
15. 为什么要进行测网联测与埋石？
16. 使用全站仪布设物化探测网，如何检查测网质量？
17. 使用全站仪布设物化探测网，如何估算测点精度？
18. RTK物化探测量与全站仪物化探测量有何不同？
19. 简述RTK物化探测量的作业流程。
20. RTK物化探测量采用基准站模式时，如何获取坐标转换参数？

21. RTK 物化探测量采用基准站模式时，如何布设测线？
22. 如何利用地形图布设物化探测网？
23. 利用正射影像图布设物化探测网有哪些优越性和局限性？
24. 如何利用正射影像图布设物化探测网？

第 11 章　建筑工程测量

1. 什么是建筑工程测量？其包括哪些内容？
2. 建筑工程施工测量的主要任务是什么？
3. 场地平整测量的实质是什么？为什么要进行场地平整测量？
4. 场地平整设计的主要原则是什么？
5. 场地平整测量可以采取哪些方法？
6. 简述方格网法进行场地平整测量的主要步骤。
7. 当场地平整为平面时，采用方格网法如何计算各方格点的设计高程？
8. 如图 11-1 所示，当场地平整为一个坡度时，采用方格网法如何计算各方格点的设计高程？

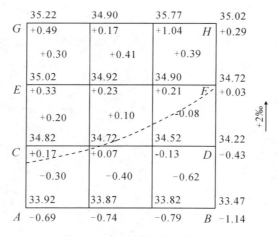

图 11-1　场地平整为一个坡度

9. 如图 11-2 所示，场地平整为两种坡度，要求 B 点为场地的最低点，坡度方向如图所示，采用方格网法如何计算各方格点的设计高程？

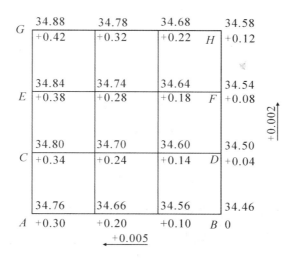

图 11-2　场地平整为两种坡度

10. 如图 11-3 所示，AC 为方格网一边的地面线，$A'C'$ 为对应的设计线，已知 $A'A$ 高差 h_1 为 1.234m，$C'C$ 的高差 h_2 为 -1.345m，方格边长 a 为 20m，设 O 为待确定的施工零点位置，试求 O 到 A 的水平距离 x。

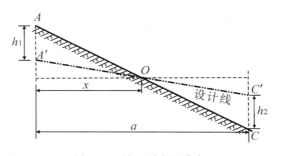

图 11-3　施工零点的确定

11. 在工业与民用建筑场地，如何建立施工坐标系？

12. 如图 11-4 所示，$O\text{-}XY$ 为测量坐标系，$o\text{-}xy$ 为施工坐标系，(X_0, Y_0) 为 O 在测量坐标系 $O\text{-}XY$ 中的坐标，两坐标系的旋转角为 α，写出：

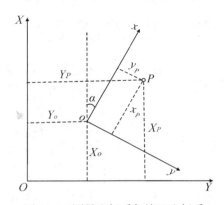

图 11-4　测量坐标系与施工坐标系

（1）任一点 P 由施工坐标系转为测量坐标系的转换公式。

（2）任一点 P 由测量坐标系转为施工坐标系的转换公式。

13. 如何根据建筑限差确定施工控制网精度？

14. 如图 11-5 所示，为测设方格网主点 A、O、B，根据已知点测设了 A'、O'、B' 三点，为了检核，又精确地测定角 $\beta = 179°59'42''$。已知 $a = 150m$，$b = 200m$，求：各点改正到正确位置的移动量 ε。

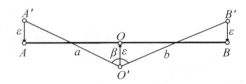

图 11-5　主横轴测设

15. 在建筑场地为什么要建立高程控制网，建立高程控制网有什么要求？

16. 民用建筑主要指哪些建筑物？民用建筑施工放样包括哪些内容？

17. 什么是建筑物定位测量？定位测量方法有哪些？

18. 为什么要设置龙门板？

19. 为什么要设置轴线控制桩？

20. 基础工程施工测量包含哪些内容？

21. 我国对一般建筑、多层建筑、小高层、高层建筑以及超高层建筑的层数是如何界定的？

22. 建筑物主体施工测量的主要工作是什么？

23. 对于一般建筑和多层建筑，其轴线投测和高程传递分别采用什么方法？

24. 如何进行高层建筑物控制点投递，指导主体施工？

25. 如何计算高层建筑物每层的垂直度 k 和全高垂直度 K？

26. 如图 11-6 所示，如何采用全站仪天顶距法对高层建筑进行高程传递和指导施工？

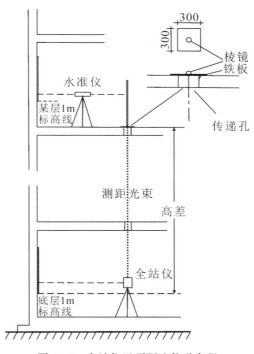

图 11-6　全站仪天顶距法传递高程

27. 如何采用悬挂钢尺法对高层建筑物进行高程传递和指导施工？

28. 说明厂房控制网的作用，厂房控制网有哪些建立方法？

29. 管道有哪几种分类方法？在测设精度要求上有何不同？

30. 说明地下管道施工测量的主要步骤。

31. 当地下管道穿越重要建筑物或道路，无法开展地面开挖施工时，采用哪种施工技术？

32. 什么是竣工总平面图？

33. 为什么建筑物变形监测以沉降监测为主？

34. 如何确定变形监测精度？

35. 沉降监测系统一般由哪些点构成？如何布置？

36. 沉降监测的"三固定"原则是什么？

37. 沉降监测数据处理包括哪些内容？

第 12 章　道路工程测量

1. 道路测量包含哪几个阶段？其与设计的关系如何？
2. 道路勘测阶段的测量工作分为哪两个阶段？
3. 道路测量中初测的主要任务是什么？初测方法有哪些？
4. 带状地形图的比例尺和测图宽度有何要求？
5. 道路定测的主要任务是什么？包含哪些工作？
6. 定线测量的方法有哪些？
7. 什么是线路纵断面？什么是线路纵断面测绘？
8. 什么是中平测量？
9. 线路纵断面图表示哪些内容？
10. 什么是线路横断面？什么是线路横断面测绘？
11. 横断面图的作用是什么？
12. 道路施工测量的主要工作是什么？
13. 道路竣工测量的主要工作是什么？
14. 桥梁施工测量包括哪些内容？
15. 什么是贯通误差？
16. 什么是横向、纵向和高程贯通误差？
17. 竖井联系测量的主要任务是什么？
18. 两井定向与一井定向相比有哪些优点？
19. 如图 12-1 所示，某隧道口 A 点高程 H_A = 428.39m，A 点处的设计底板高为 428.50m，隧道的设计坡度为 15‰的正坡度，现在用水准仪在距 A 点为 26m、

28m、30m 处设置腰线点，腰线高出设计底板 1.0m，若 A 点上的标尺读数为 1.328m，问应如何设置腰线？简述作业过程。

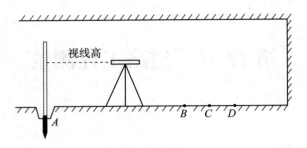

图 12-1　隧道腰线放样

第二部分　实习教学

实习一　地籍测量实习

1. 什么是地籍？
2. 什么是土地权属调查？
3. 土地权属调查的基本单元是什么？
4. 什么是地籍测量？
5. 地籍调查工作主要包括哪几部分？
6. 地籍测量工作内容包括哪些？
7. 说明土地权属调查和地籍测量的联系与区别。
8. 地籍编号应该遵循哪些原则？
9. 已知某宗地的代码编号为220381123003GB00007，请写出其行政区代码并说明其土地所有权类型。
10. 地籍管理工作包括哪些内容？
11. 地籍图上一类界址点相对于临近图根点的点位中误差要求是多少？
12. 什么是宗地草图？
13. 什么是界址点？
14. 什么是间隙地和飞地？
15. 地籍有哪些功能？
16. 选择地籍图比例尺的依据是什么？城镇地区和农村地区的地籍图比例尺应怎样选用？
17. 什么是初始地籍调查和变更地籍调查？
18. 有效的权源资料主要有哪些？
19. 说明土地权属调查的工作步骤。

20. 在地籍图中，不同等级的行政界线重合时，应该怎样处理？
21. 在地籍图中，当土地权属界线与行政界线重合时，应该怎样处理？
22. 城镇地籍图根控制测量一般采用什么方法？
23. 相对于地形图，地籍图有哪些特点？
24. 地籍面积测算方法主要有哪些？
25. 地籍面积平差应遵循什么原则？
26. 地籍数据库建设包括哪些内容？

实习二　物化探测量实习

1. 物化探测量实习的任务是什么？兴城夹山物化探测量实习各小组独立完成的任务有哪些？

2. 兴城物化探测量实习所发红布条有何用处？

3. 简述 RTK 布设物化探测网的主要优点和局限性？

4. 采用 RTK 布设物化探测网，新建项目一般以"当天日期—测线号"命名，为什么？若测量日期为 2021 年 7 月 10 日，测线编号为 100，新建项目名称是什么？

5. 若物化探测量工作比例尺为 1∶5000，则测网的线距和点距分别为多少？若某物化探测网的线距为 50m，点距为 20m，则如何表达该物化探测网密度？

6. 若物化探测量工作比例尺为 1∶5000，采用 RTK 布设物化探测网，设置坐标系统时，采用哪种投影？用几度带投影？

7. 采用 RTK 布设物化探测网，设置坐标系统时，基准面的源椭球和目标椭球分别选择哪一种？

8. RTK 布设物化探测网，采用已知点架设基准站方式，以中海达仪器为例，NFC 连接移动站后，需要设置哪些内容？如何设置？

9. 采用 RTK 放样或测量时，对移动站要求在什么状态下才能测存记录？

10. RTK 测量数据文件导出时有哪些格式可以选择？若要使导出的文件直接用 Excel 打开，导出数据文件时选择哪种格式？

11. 说明中海达 GNSS 接收机数据导出的操作流程。

12. 物化探测网布设时，若用木桩标记测点，一般要求木桩顶面离地高度不超过多少？

13. 如何评定 RTK 点位放样精度？

14. 如何评定 RTK 点位测量精度？

15. 使用水准仪的基本操作有哪些？

16. 水准测量仪器及配套工具有哪些？

17. 四等水准测量时，水准仪 i 角不大于多少秒时，可不用校正？

18. 四等水准测量时，要求读数必须是几位？哪些位直接读取？哪些估读？

19. 四等水准测量手工记录时，哪位读错或记错则必须重测重记？举例说明水准测量中禁止连环更改数字的有关读数。

20. 四等水准测量手工记录时，如果一个测站需要重测，如何划掉测错的数据？

21. 四等水准测量测站计算，对视距部分、高差部分以及高差中数的单位及保留取位如何规定？

22. 说明四等水准测量的测站限差要求。

23. 物化探测量时，规则测网有哪两种类型？兴城夹山物化探测网采用哪种类型？

24. 说明兴城夹山物化探测网编号设计方法。

25. 兴城夹山物化探测网的基线方位角是多少？测网密度是多少？

实习三 土木工程测量实习

1. 实习内容包括几部分？
2. 控制测量采用什么方法？
3. 导线测量需要使用哪些仪器和工具？
4. 说明导线计算步骤。
5. 四等水准测量需要使用哪些仪器和工具？
6. 说明四等水准测量测站观测顺序。
7. 细部测量采用什么方法？
8. 请标出图 1 的地物特征点。

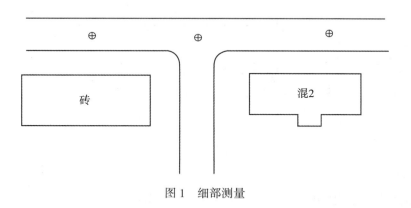

图 1　细部测量

9. 结合图 2，说明全站仪极坐标法细部测量原理。
10. 计算机内业制图包括哪些内容？
11. 在建筑工程测量中，平面点位放样方法有哪些？

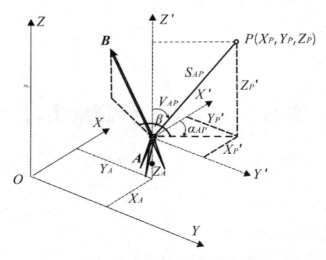

图 2　全站仪极坐标法细部测量

12. 结合图 3，说明全站仪极坐标放样数据是如何计算的。

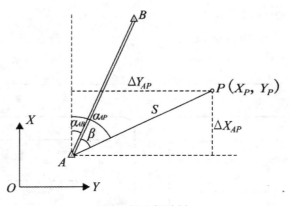

图 3　极坐标放样

13. 结合图 3，说明全站仪极坐标法实地放样步骤。
14. 在建筑工程测量中，什么情况会用到高程放样？
15. 如图 4 所示，已知水准点 A 高程 H_A，待定点 B 的设计高程 H_B，要求在实地标定 H_B 的高程位置。

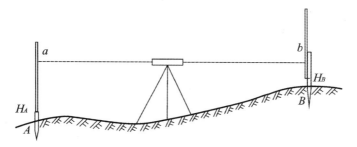

图 4　高程放样

第三部分　参考答案

第 1 章

1. 【答案】

（1）设想一个静止的平均海水面，延伸穿过陆地包围整个地球形成的封闭曲面，称为大地水准面，大地水准面是重力等位面。

（2）大地水准面不是规则的几何面，因为由于地球表面高低起伏及地球内部质量分布不均匀，导致铅垂线方向变化复杂，决定了大地水准面是一个有微小起伏的不规则曲面。

2. 【答案】

外业观测基准面为大地水准面；基准线为铅垂线。

3. 【答案】

长半轴、短半轴、扁率。

4. 【答案】

（1）采用克拉索夫斯基椭球体，建立了 1954 北京坐标系；

（2）采用 IUGG75 椭球体，建立了 1980 西安坐标系；

（3）采用 CGCS2000 椭球体，建立了 2000 国家大地坐标系。

5. 【答案】

测量坐标系有三类，分别是地理坐标系、三维空间直角坐标系、平面直角坐标系。

6. 【答案】

过某点 P 的子午面与首子午面的夹角为 P 点的大地经度，用 L 表示，过 P 的椭球面法线与赤道面的交角为 P 点大地纬度，用 B 表示，P 点的大地坐标由大地经度和大地纬度构成，用 (L, B) 表示。

第三部分　参考答案

7. 【答案】

以地球质心为原点，自转轴为 Z 轴，北方向为正半轴，首子午面与赤道面的交线为 X 轴正半轴，赤道平面内通过原点与 X 轴垂直方向为 Y 轴，向东为正半轴，构成右手坐标系。

8. 【答案】

高斯投影变形特征：

（1）中央经线投影后为直线，且长度不变。其他经线投影后为凹向中央经线的曲线，并向两极收敛，距中央经线越远，投影后弯曲程度越大，长度变形也越大。

（2）赤道投影后为一直线，且长度变长。其他纬线投影后为凸向赤道的曲线，赤道两侧纬度相同的纬线投影后关于赤道对称。

（3）经纬线投影后仍保持正交。

9. 【答案】

分带投影的目的是限制投影变形。高斯投影除了中央经线外，都存在长度变形，且距离中央经线越远变形越大，分带投影可以限制投影变形。

10. 【答案】

（1）6°分带：从经度0°开始，自西向东以经差6°分带，全球共有60带，每带（东经）中央经线经度 $\lambda = 6°n - 3°$，n 为带号；

（2）3°分带：从东经1.5°开始，自西向东以经差3°分带，全球共有120带，每带中央子午线经度 $\lambda = 3°n$，n 为带号。

11. 【答案】

（1）6°带：21带，中央经线经度123°E；

（2）3°带：42带，中央经线经度126°E。

12. 【答案】

（1）3°带高斯投影适用于大于等于1∶1万地形图；

（2）6°带高斯投影适用于1∶2.5万~1∶50万地形图。

13. 【答案】

基于高斯投影建立的平面直角坐标系为高斯平面直角坐标系，高斯平面直角坐标系按投影带分别建立，具体规定：中央经线投影为 X 轴，北向为正，赤

道投影为 Y 轴，东向为正，其交点为坐标原点 O，象限按顺时针方向排列。

14.【答案】

（1）3 度投影；

（2）38 带；

（3）中央经线的经度是 114°E；

（4）距赤道 3234567.89m；

（5）距中央经线 67890.13m。

15.【答案】

（1）坐标轴定义不同，测量平面直角坐标系纵坐标轴为 X 轴，横坐标轴为 Y 轴，数学平面直角坐标系与测量平面直角坐标系相反；

（2）象限排列顺序相反，测量坐标系顺时针增大，数学坐标系逆时针增大。

16.【答案】

（1）绝对高程是地面点沿铅垂线到大地水准面的距离；

（2）相对高程是地面点沿铅垂线到假定水准面的距离；

（3）高差是两点间的高程之差。

（4）高差具有方向性：

$$h_{AB} = H_B - H_A = -h_{BA}$$

17.【答案】

（1）我国现行高程基准是 1985 国家高程基准；

（2）水准原点在青岛观象山，高程为 72.2604m。

18.【答案】

（1）测量工作的基本原则是"从整体到局部，从高级到低级，先控制后细部"；

（2）理解：从整体到局部的工作方法，从高级到低级的精度设计，先控制后细部的工作程序，能够保证测区内点位测量精度均匀，也为测区工作的全面展开提供条件。

19.【答案】

（1）由于地球曲率的影响，实测的球面角度比平面平角度大。但是实践证明，在 100km² 以内进行水平角测量，可以用水平面代替水准面。

（2）由于地球曲率的影响，实测水准面上距离大于水平面上距离，但是实践证明，当距离在 10km 以内，可以用水平面代替水准面。

（3）由于地球曲率的影响，实测水准面上高差大于水平面上高差，实践证明，任何时候高差测量都不可以用水平面代替水准面。

20.【答案】

角度（水平角、垂直角）、距离、高差。

第 2 章

1. 【答案】

(1) 水平角是两相交直线沿竖直面在水平面上投影的夹角;

(2) 水平角取值范围是 0°~360°。

2. 【答案】

(1) 因为水平度盘注记是顺时针方向增大,所以计算水平角用右方向观测值减左方向观测值;

(2) 右方向观测值减左方向观测值如果为负值,计算值加 360°。

3. 【答案】

相等。因为同一竖直面内不同高度的目标沿竖直面在水平面(水平度盘)上的投影在同一方向上。

4. 【答案】

(1) 垂直角是同一竖直面内目标方向与水平方向之间的夹角;

(2) 取值范围是 −90°~+90°;

(3) 天顶距是指目标方向与天顶方向的夹角;

(4) 取值范围是 0°~180°;

(5) 垂直角与天顶距之和等于 90°。

5. 【答案】

(1) 主要轴线有竖轴 VV、横轴 HH、视准轴 CC、长水准器轴 LL、圆水准器轴 $L'L'$。

(2) 各轴线应该满足的几何关系:

①横轴垂直于竖轴 $HH \perp VV$;

②视准轴垂直于横轴 $CC \perp HH$；

③长水准器轴垂直于竖轴 $LL \perp VV$；

④圆水准器轴平行于竖轴 $L'L' // VV$。

6. 【答案】

（1）目标像平面与十字丝平面不重合，眼睛上下或左右移动可见目标的像与十字丝平面有相对运动，这种现象称为视差；

（2）产生视差的原因是调焦不到位，目标的像没有落在十字丝平面上；

（3）消除视差的方法是仔细进行调焦，使目标的像平面与十字丝平面重合。

7. 【答案】

（1）对中的目的是使仪器的竖轴通过测站点标志中心；

（2）整平的目的是使仪器的竖轴竖直、水平度盘水平、竖直度盘竖直。

8. 【答案】

（1）测量水平角时，用盘左、盘右两个位置观测是为了消除或减弱多种仪器误差对观测数据的影响；

（2）瞄准目标时，竖直度盘位于望远镜左侧时的观测为上半测回；竖直度盘位于望远镜右侧时的观测为下半测回。

9. 【答案】

（1）配置度盘读数是为了消除水平度盘刻划不均匀误差对水平角观测的影响；

（2）观测 3 测回，起始方向度盘配置：第 1 测回为 $0°00'00''$，第 2 测回为 $60°00'00''$，第 3 测回为 $120°00'00''$。

注意配置度盘后，由于仪器震动等原因，读数不是严格的配置度数，记录真实数据。

10. 【答案】

一测站只有两个方向时采用测回法，多于两个方向时采用方向（全圆）观测法。

11. 【答案】

表 2-1　　　　　　　　　　　测回法水平角观测手簿

测站	测回	盘位	目标	水平度盘读数 °	′	″	半测回水平角 °	′	″	一测回水平角 °	′	″	测回平均水平角 °	′	″
O	1	左	A	00	20	06	42	24	54	42	25	00	42	25	02
			B	42	45	00									
		右	A	180	20	00	42	25	06						
			B	222	45	06									
O	2	左	A	90	40	06	42	25	00	42	25	03			
			B	133	05	06									
		右	A	270	40	12	42	25	06						
			B	313	05	18									

12. 【答案】

表 2-2　　　　　　　　　　　方向观测法水平角观测手簿

测站	测回	目标	水平度盘读数 盘左 °	′	″	盘右 °	′	″	2C ″	盘左盘右平均读数 °	′	″	归零方向值 °	′	″	归零方向值平均值 °	′	″
													0	00	02			
P	1	A	0	00	00	180	00	06	−6	0	00	03	0	00	00	0	00	00
		B	36	21	36	216	21	36	0	36	21	36	36	21	34	36	21	36
		C	108	25	48	288	25	54	−6	108	25	51	108	25	49	108	25	48
		D	235	54	54	55	54	48	6	235	54	51	235	54	49	235	54	46
		A	359	59	54	180	00	06	−12	0	0	00						
										89	59	58						
P	2	A	90	00	00	269	59	54	6	89	59	57	0	00	00			
		B	126	21	30	306	21	42	−12	126	21	36	36	21	38			
		C	198	25	36	18	25	54	−18	198	25	45	108	25	47			
		D	325	54	42	145	54	42	0	325	54	42	235	54	44			
		A	89	59	54	270	00	06	−12	90	00	00						

13. 【答案】

(1) 若望远镜仰起时,盘左度盘读数减小,盘左 $\alpha_L = 90° - L$,盘右 $\alpha_R = R - 270°$;

(2) 若望远镜仰起时,盘左度盘读数增大,盘左 $\alpha_L = L - 90°$,盘右 $\alpha_R = 270° - R$;

14. 【答案】

(1) 由于竖直度盘指标线偏离铅垂位置,当视线水平时,竖直度盘读数不等于90°或270°,有一个小偏角,这个角称为竖直度盘指标差;

(2) 采用测回法观测垂直角,取盘左、盘右垂直角观测值的平均值,可以消除竖直度盘指标差的影响。

15. 【答案】

表 2-3　　　　　　　　　　垂直角观测手簿

测站	目标	盘位	竖盘读数			半测回垂直角			一测回垂直角			测回平均垂直角		
			°	′	″	°	′	″	°	′	″	°	′	″
C	A	左	85	43	36	4	16	24	4	16	24	4	16	26
		右	274	16	24	4	16	24						
	A	左	85	43	30	4	16	30	4	16	27			
		右	274	16	24	4	16	24						
C	B	左	96	23	36	-6	23	36	-6	23	36	-6	23	33
		右	263	36	24	-6	23	36						
	B	左	96	23	30	-6	23	30	-6	23	30			
		右	263	36	30	-6	23	30						

16. 【答案】

(1) 不考虑测量误差情况下,两次观测水平角相同,因为两次安置仪器,测站水平位置不变,水平角相同;

(2) 不考虑测量误差情况下,两次观测垂直角不同,因为仪器高变化,垂直角不同。

17. 【答案】

（1）水准器的检验与校正（包括长水准器轴垂直于竖轴的检验与校正、圆水准器轴平行于竖轴的检验与校正）；

（2）十字丝分划板的检验与校正；

（3）视准轴的检验与校正；

（4）竖盘指标差的检验与校正（包括竖盘指标零点自动补偿有效性检验、竖盘指标差检验与校正）

（5）对中器的检验与校正（光学对中器的检验与校正或者激光对中器的检验与更换）

（6）横轴的检验与校正；

18. 【答案】

（1）误差来源于仪器误差（包括照准部偏心误差、视准轴误差、横轴误差等）、观测误差（包括对中误差、读数误差、目标偏心误差等）、外界环境影响（包括气象条件影响、大气折光影响等）；

（2）盘左盘右观测可以消除或减弱照准部偏心误差、视准轴误差、横轴误差、竖直度盘指标差等对角度观测的影响。

第 3 章

1.【答案】

距离测量的方法有钢尺量距、视距测量和电磁波测距等。

2【答案】

定线方法有两种,分别是目视定线和仪器定线。目视定线精度低,仪器定线精度高。

3.【答案】

(1) 钢尺检定意义：钢尺出厂时给出名义长度,由于使用时温度不同,使钢尺的实际长度有变化,精密测距需要根据钢尺使用时的实际长度计算总长度,专业人员对钢尺进行检定后,给出钢尺检定方程式,通过尺长方程式能够计算出钢尺使用温度下实际长度。

(2) 钢尺检定方程式：$l = l_0 + \Delta l + \alpha \cdot S \cdot (t - t_0)$

其中：

l（m）——钢尺使用时实际长度。

l_0（m）——钢尺的名义长度；

Δl（m）——钢尺的尺长改正数,即检定温度 t_0 时,在规定拉力下,钢尺实际长度与名义长度之差；

α（m/(m·℃)）——钢尺材料的膨胀系数,每米钢尺在温度变化1℃时长度变化,其值在 $1.15 \times 10^{-5} \sim 1.25 \times 10^{-5}$ 之间；

S（m）——距离测量值；

t（℃）——钢尺使用时的温度；

t_0（℃）——钢尺检定时的温度；

4. 【答案】

(1) 尺长误差改正：

$$\Delta S_\Delta = \frac{\Delta l}{l_0} \times S' = \frac{0.006}{50} \times 45.639 = 0.0055(\text{m})$$

(2) 温度误差改正：

$$\Delta S_t = \alpha S'(t - t_0) = 1.21 \times 10^{-5} \times 45.639 \times (26 - 24) = 0.0011(\text{m})$$

(3) 改正后斜距：

$$S = 45.639 + 0.0054 + 0.0011 = 45.6456(\text{m})$$

(4) 改正后的平距：

$$D = 45.6456 \times \cos(\arctan(0.03)) = 45.625(\text{m})$$

5. 【答案】

(1) 尺长误差，加尺长改正；

(2) 定线误差，应用仪器定线；

(3) 钢尺垂曲误差，短距离该项误差影响不大，使用时尽量拉直；

(4) 观测误差，往返观测或多次观测，取平均值作为测量结果。

(5) 温度变化引起的误差，加温度改正；

(6) 地面倾斜产生的误差，加倾斜改正。

6. 【答案】

如图 3-1 所示，视线水平时，仪器瞄准目标视距尺，分别获取下丝读数 a，上丝读数 b，则水平距离：

$$D = \frac{\frac{1}{2}(b-a)}{\tan\frac{\varphi}{2}} = \frac{1}{2\tan\frac{\varphi}{2}}(b-a) = k \cdot l$$

式中，φ 为望远镜视角。k 为常数，约为 100。

7. 【答案】

视距测量精度影响因素有多方面，包括读数误差、标尺倾斜误差、大气折光误差、视距常数误差等，其中视距常数误差影响最大，使用时需要检测。

8. 【答案】

(1) 电磁波测距的基本原理是：测距仪以速度 c 发射电磁波，记录电磁波在测站点与目标点之间的往返时间 t，计算两点间距离：

$$S = \frac{1}{2} c \cdot t$$

（2）脉冲式测距是通过直接测定脉冲光在测线上往返传播的时间来计算距离。相位式测距是利用仪器的测相电路测定调制光在测线上往返传播所产生的相位差，间接测得时间，计算距离。脉冲式测距精度较低，相位式测距精度较高。

9. 【答案】

在望远镜中，将电磁波发射与接收系统主光轴通过折射棱镜、分光棱镜和变换棱镜与视准轴集成在一起，瞄准与测距同轴，实现既可测角又可测距。

10. 【答案】

（1）脚架：用于安置仪器；

（2）反射器（全反射棱镜或反射片）：用于测距目标。

11. 【答案】

（1）目标标志不同；

（2）测距精度不同；

（3）测程不同。

12. 【答案】

全站仪的直接观测值是斜距，通过垂直角计算出平距。

13. 【答案】

（1）改正计算包括加常数改正、乘常数改正和气象改正；

（2）归化计算包括距离归算和高程归算。

14. 【答案】

（1）比例误差：主要包括真空中光速误差、大气折射率误差、调制频率误差；

（2）固定误差：主要包括测相误差、仪器加常数误差；

（3）周期误差。

15. 【答案】

测距仪标称精度表示为 $a + b \cdot S$，

(1) a 为固定误差,单位 mm;

(2) b 为比例误差,单位 10^{-6},S 为距离,单位 km。

16.【答案】

(1) 发射、接收、照准三轴关系正确性的检验与校正;

(2) 测距常数的检验;

(3) 周期误差的检验。

第 4 章

1. 【答案】

高程测量的方法有水准测量、三角高程测量、GNSS 测量、雷达干涉测量等。

2. 【答案】

如图 4-1 所示,水准仪可以提供一条水平视线,分别读取待测高差两点 A、B 上水准尺读数 a、b,便可计算出高差

$$h_{AB} = a - b$$

3. 【答案】

若 $h_{AB} = a - b > 0$,后视读数 a 大于前视读数 b,B 点高。

4. 【答案】

(1) A、B 两点高差

$$h_{AB} = a - b = 1857 - 1356 = 0.501 (\text{m})$$

(2) B 点高程

$$H_B = H_A + h_{AB} = 100.023 + 0.501 = 100.524 (\text{m})$$

5. 【答案】

光学水准仪主要由基座、支架、望远镜、自动安平装置构成。

6. 【答案】

如图 4-2 所示,在望远镜主光轴上设置补偿器(由一个屋脊棱镜和 2 个直角棱镜构成),当视线水平时(图 4-2(a)),视线通过补偿器可以获取正确读数;当视线有一个小的倾角 α 时(图 4-2(b)),视线通过补偿器补偿后仍能获得正确读数,因为补偿器满足几何条件

$$f \cdot \alpha = d \cdot \beta$$

7. 【答案】

（1）三脚架：用于仪器安置；

（2）水准尺：用于观测目标；

（3）尺垫：防止水准尺下沉，标记点位。

8. 【答案】

精密水准尺用于一、二等水准测量，双面水准尺用于三等及以下水准测量。

9. 【答案】

（1）读数系统不同，光学水准仪配合分划水准尺，瞄准后观测者进行读数；电子水准仪配合条码水准尺，瞄准后仪器自动识别读数。

（2）功能不同，光学水准仪只能用于观测和读数，电子水准仪可以进行读数、记录、存储及简单的数据处理。

10. 【答案】

（1）双面水准尺可以直接读取米、分米、厘米三位，毫米估读。

（2）同一测站黑面读数计算高差和红面读数计算高差不相等，差100mm，因为两尺红面起点读数不一样。

11. 【答案】

（1）连续水准测量时，已知点与待定点之间或待定点之间的立尺点称为转点。

（2）转点的作用是传递高程。

12. 【答案】

（1）防止水准尺下沉，确定转点位置，保证前后两站高差连接；

（2）已知点、待测高程点上不放尺垫。

13. 【答案】

已知点作为后视点，所有待测点作为前视点，计算

（1）视线高程＝已知高程+后视读数

（2）待测点高程＝视线高程−前视读数

14. 【答案】

（1）仪器误差（主要是 i 角误差）和水准尺误差。i 角误差通过前后视距尽

量相等来减弱或消除；水准尺误差通过两把水准尺前后交替使用、测段设为偶数站等手段减弱或消除。

（2）观测误差：主要包括调焦带来的误差、水准尺倾斜带来的误差、读数误差等。观测时，前后视距尽量相等，避免调焦；水准尺气泡居中，保证水准尺立直；其他观测误差通过认真操作、记录、计算及检核减小或消除。

（3）外界环境影响：主要是仪器下沉影响、水准尺下沉影响、地球曲率与大气折光影响。仪器下沉的影响通过一定观测顺序减弱或消除；水准尺下沉的影响通过往返观测取平均值减弱或消除；地球曲率与大气折光影响通过前后视距相等减弱或消除。

15. 【答案】

（1）圆水准器轴检验校正；

（2）十字丝横丝检验校正；

（3）自动安平补偿器检验。

16. 【答案】

如图 4-3 所示，若 A 点高程 H_A 已知，待测 B 点高程 H_B，测量 A、B 之间平距 D（或斜距 S）、垂直角 α、仪器高 i、目标高 l，便可计算两点间高差

$$h_{AB} = D\tan\alpha + i - l \quad \text{或} \quad h_{AB} = S\sin\alpha + i - l$$

B 点高程 $\quad\quad\quad\quad\quad\quad H_B = H_A + h_{AB}$

17. 【答案】

三角高程测量主要误差来源为大气折光和地球曲率影响，减弱或消除的办法是往返观测高差取平均数，单程观测高差加球气差改正。

第 5 章

1.【答案】

一般情况下,任何量的观测值与理论值有差别、同一量不同次观测值有差别,说明观测误差客观存在。

2.【答案】

(1) 测量误差的来源主要有三个方面,即仪器方面、观测者方面、外界环境方面;

(2) 仪器方面,例如,全站仪视准轴不垂直横轴误差、水准仪自动安平补偿器等对观测值的影响;

观测者方面,如读数误差、对中误差等对观测值的影响;

外界环境方面,如气象条件影响产生的电磁波测距误差、大气折光影响产生的三角高程测量误差等。

3.【答案】

(1) 仪器、观测者、外界环境三个方面总称观测条件;

(2) 观测条件好,观测成果质量好;观测条件差,观测成果质量差。

4.【答案】

(1) 根据误差的性质,观测误差分为系统误差和偶然误差两类。

(2) 在一定观测条件下,系统误差在大小、符号上都相同或呈现一定的变化规律。偶然误差在大小、符号上没有规律性,具有偶然性,但是大量偶然误差具有统计规律性。

(3) 在测量工作中,系统误差处理方法是采用一定观测手段、加改正数等减弱或消除,也可以将系统误差作为参数纳入平差模型,解算之后进行假设检验，确定是否影响有效。偶然误差处理方法是在多余观测足够的条件下，建立数学模型，在一定准则下，通过优化理论计算待求量的最可靠值。

5.【答案】

（1）粗差主要由于工作不够认真或意外事故影响产生的。

（2）工作中，按照规范要求进行观测控制粗差，对于不可控的粗差，可以采用粗差探测方法来剔除观测值。

6.【答案】

（1）在测量工作中，为了获取某量必须进行的观测称为必要观测，多于必要观测的观测称为多余观测。

（2）通过多余观测可以发现粗差，可以发现系统误差的规律性，可以建立平差模型，也就是说，多余观测是提高观测值可靠性的有效手段，是测量数据处理的必要条件。

7.【答案】

（1）真误差为观测值与其真值之差，定义：

$$真误差 = 真值 - 观测值$$

（2）例如，通过三角形三个内角的观测，可计算内角和的真误差；通过闭合水准路线各测段高差观测，可以计算高差之和的真误差。对于能够获得理论值或真值的量进行必要的观测，可以计算其真误差。

8.【答案】

（1）绝对值大于一定数值的误差出现概率为 0；

（2）在绝对值相等的正负误差区间，正误差与负误差出现的概率相等；

（3）绝对值小的误差出现概率大，绝对值大的误差出现概率小；

（4）当 $n \to \infty$ 时，误差算术平均值趋近于 0。

9.【答案】

误差分布曲线陡峭，误差分布比较集中，说明观测值精度比较好；误差分布曲线平缓，误差分布比较离散，说明观测值精度比较差。

10.【答案】

观测值是随机变量，根据统计学原理，采用标准差作为评定观测值精度的指标。根据测绘工作习惯，称标准差为中误差。

11. 【答案】

(1) 相对中误差是观测值的中误差与观测值的比值，化成分子为 1 的形式；

(2) 主要用于中误差不足以反映观测精度高低的观测量的精度评定，如面积、距离等。

12. 【答案】

(1) 根据极限误差剔除含有粗差的观测值，提高观测成果的可靠性；

(2) 一般以 2 倍或 3 倍中误差作为极限误差。

13. 【答案】

偶然误差传播定律阐述观测值误差与观测值函数误差的关系。

14. 【答案】

圆的周长

$$C = 2\pi r = 2 \times 3.14 \times 20 = 125.60(\text{m})$$

根据误差传播定律

$$\sigma_C = 2\pi\sigma_r = 2 \times 3.14 \times 3 = 19(\text{cm})$$

15. 【答案】

第三个内角

$$\gamma = 180° - \alpha - \beta = 180° - 56° - 72° = 52°$$

根据误差传播定律

$$\sigma_\gamma = \sqrt{\sigma_\alpha^2 + \sigma_\beta^2} = \sqrt{5^2 + 6^2} = 8''$$

16. 【答案】

矩形面积

$$S = m \cdot n = 102.693 \times 85.270 = 8756.632(\text{m}^2)$$

根据误差传播定律

$$\sigma_S = \sqrt{m^2\sigma_n^2 + n^2\sigma_m^2} = 9.954(\text{m}^2)$$

17. 【答案】

(1) 三角形面积

$$S = \frac{1}{2}ab\sin\theta = 752.898(\text{m}^2)$$

(2) 线性化

$$ds = \frac{1}{2}b\sin\theta da + \frac{1}{2}a\sin\theta db + \frac{1}{2\rho}ab\cos\theta d\theta$$

根据误差传播定律

$$\sigma_s = \sqrt{\frac{1}{4}b^2\sin^2\theta \cdot \sigma_a^2 + \frac{1}{4}a^2\sin^2\theta \cdot \sigma_b^2 + \frac{1}{4\rho^2}a^2b^2\cos^2\theta \cdot \sigma_\theta^2} = 1.364(\text{m}^2)$$

18. 【答案】

(1) 横向误差

$$\sigma_n = S\left(\frac{\sigma_\alpha}{\rho}\right)$$

(2) 纵向误差

$$\sigma_t = \sigma_s$$

(3) 点位误差

$$\sigma_P = \sqrt{\sigma_u^2 + \sigma_t^2} = \sqrt{\sigma_S^2 + \left(S\frac{\sigma_\alpha}{\rho}\right)^2}$$

19. 【答案】

(1) 在观测条件相同的情况下进行的观测称为等精度观测;

(2) 等精度观测值的最可靠值为其算术平均值:

$$\bar{x} = \frac{1}{n}(x_1 + x_2 + \cdots + x_n) \quad (x_i \text{ 为观测值},\ n \text{ 为观测值个数})$$

(3) 算术平均值中误差

$$\sigma_{\bar{x}} = \frac{\sigma}{\sqrt{n}} \quad (\sigma \text{ 为观测值中误差},\ n \text{ 为观测值个数})$$

20. 【答案】

(1) 算术平均值

$$\bar{x} = 50.360(\text{m})$$

(2) 算术平均值中误差

$$\hat{\sigma} = \sqrt{\frac{[(x_i - \bar{x})^2]}{n(n-1)}} = 0.008(\text{m})$$

21. 【答案】

(1) 权是表征观测值精度的相对指标;

(2) 权用于不等精度观测值最可靠值及其中误差的计算。

22. 【答案】

(1) 在观测条件不同的情况下进行的观测称为不等精度观测;

(2) 不等精度观测值的最可靠值为带权平均值:

$$\bar{x} = \frac{p_1 x_1 + p_2 x_2 + \cdots + p_n x_n}{p_1 + p_2 + \cdots + p_n}$$

式中,x_i 为观测值;p_i 为观测值权;n 为观测值个数。

(3) 带权平均值中误差

改正数:$v_i = \bar{x} - x_i$

单位权中误差:$\sigma_0 = \sqrt{\dfrac{[pvv]}{n-1}}$

带权平均值中误差:$\sigma_x = \dfrac{\sigma_0}{[\sigma_{\bar{x}}]}$

23. 【答案】

(1) 定权:

$$p_1 = \frac{1}{2.5} = 0.400, \quad p_2 = \frac{1}{1.6} = 0.625, \quad p_3 = \frac{1}{2.0} = 0.500$$

(2) 带权平均值中误差:

$$\sigma_{H_P} = \frac{\sigma_0}{\sqrt{[p]}} = \frac{3.0}{\sqrt{1.525}} = 2.4(\text{mm})$$

24. 【答案】

改正数等于最可靠值减去观测值,真误差等于真值减去观测值。

25. 【答案】

观测值中误差计算方法两种:

(1) 用真误差计算中误差,适用于观测量真值已知时,计算公式为:

$$\hat{\sigma} = \sqrt{\frac{[\Delta\Delta]}{n}} \quad (\Delta \text{ 为真误差},\ n \text{ 为观测值个数})$$

（2）用改正数计算中误差，适用于观测量真值未知时，计算公式为：

$$\hat{\sigma} = \sqrt{\frac{[VV]}{n-1}}$$（V 为改正数，n 为观测值个数）

26.【答案】

算术平均值、带权平均值符合最小二乘准则。

第 6 章

1. 【答案】

(1) 控制测量的作用是为低等级测量工作提供测绘基准，控制测量误差的累积；

(2) 原则是从整体到局部，从高级到低级，分层控制，逐级加密。

2. 【答案】

平面控制测量方法有三角测量、导线测量、GNSS 测量等。

3. 【答案】

高程控制测量方法有水准测量、三角高程测量、GNSS 测量等。

4. 【答案】

测量工作中标准方向有：

(1) 真北方向：过某点真子午线切线的北向为过该点的真北方向；

(2) 磁北方向：过某点磁针自由静止时北针指向为过该点的磁北方向；

(3) 坐标北方向：过某点平行坐标纵轴的直线北向为过该点的坐标北方向。

5. 【答案】

在平面上，从某直线起点的坐标北方向顺时针到该方向的水平角为该方向的坐标方位角，取值范围 0°~360°。

6. 【答案】

计算公式如下：

$$\alpha_{AB} = \begin{cases} \arctan\dfrac{Y_B - Y_A}{X_B - X_A}(\text{第 I 象限}) \\[2ex] 180° + \arctan\dfrac{Y_B - Y_A}{X_B - X_A}(\text{第 II 象限}) \\[2ex] 180° + \arctan\dfrac{Y_B - Y_A}{X_B - X_A}(\text{第 III 象限}) \\[2ex] 360° + \arctan\dfrac{Y_B - Y_A}{X_B - X_A}(\text{第 IV 象限}) \end{cases}$$

7. 【答案】

$$\alpha_{AB} = \arctan\dfrac{Y_B - Y_A}{X_B - X_A} = 45°$$

$$\alpha_{AC} = 360° + \arctan\dfrac{Y_C - Y_A}{X_C - X_A} = 288°26'06''$$

$$\alpha_{AD} = 180° + \arctan\dfrac{Y_D - Y_A}{X_D - X_A} = 161°33'54''$$

$$\alpha_{AE} = 180° + \arctan\dfrac{Y_E - Y_A}{X_E - X_A} = 225°$$

8. 【答案】

坐标增量 $\begin{cases} \Delta X_{MN} = S_{MN}\cos\alpha_{MN} = 74.943(\text{m}) \\ \Delta Y_{MN} = S_{MN}\sin\alpha_{MN} = 74.943(\text{m}) \end{cases}$

N 点坐标 $\begin{cases} X_N = X_M + \Delta X_{MN} = 275.006(\text{m}) \\ Y_N = Y_M + \Delta Y_{MN} = -25.288(\text{m}) \end{cases}$

9. 【答案】

表 6-1　　　　　　　　　　　　　支导线计算表

点号	水平角 ° ′ ″	方位角 ° ′ ″	边长 S(m)	坐标增量 ΔX(m)	坐标增量 ΔY(m)	坐标 X(m)	坐标 Y(m)
A′	左角	89　34　52					
A(1)	102　25　34					231.260	−258.364
		12　00　26	68.321	66.826	14.213		
2	100　23　12					298.086	−244.151
		292　23　38	50.692	19.312	−46.869		
3	98　27　58					317.398	−291.020
		210　51　36	58.364	−50.101	−29.937		
4						267.297	−320.957

10. 【答案】

表 6-2　　　　　　　　　　　　　附合导线计算表

点号	水平角 ° ′ ″	方位角 ° ′ ″	边长 S(m)	坐标增量 ΔX(m)	坐标增量 ΔY(m)	坐标 X(m)	坐标 Y(m)
M′	左角	174　25　24					
M	+3 91　37　33	86　03　00	49.505	−3 3.410	−1 49.387	4497630.474	566357.303
1	+3 146　23　19	52　26　22	62.636	−4 38.183	−1 49.652	4497633.881	566406.689
2	+3 241　26　13	113　52　38	54.937	−4 −22.237	−1 50.235	4497672.060	566456.340
3	+3 145　29　49	79　22　30	45.458	−3 8.382	44.679	4497649.819	566506.574
4	+3 126　56　41	26　19　14	37.028	−2 33.189	16.418	4497658.198	566551.253
5	+4 137　04　05	343　23　23	35.618	−2 34.132	−10.182	4497691.385	566567.671
N	+4 79　54　03	243　17　30				4497725.515	566557.489
N′				95.041	200.186		

续表

点号	水平角 ° ′ ″	方位角 ° ′ ″	边长 S(m)	坐标增量		坐标	
				$\Delta X(m)$	$\Delta Y(m)$	$X(m)$	$Y(m)$
闭合差及检核: $f_a = \alpha_0 + n \cdot 180° \pm \sum_{i=1}^{n} \beta_i - \alpha_n = -23'$ $f_{a_n} = 40''\sqrt{n} = 106''$ $f_X = X_1 + \sum_{i=1}^{n-1} \Delta X_{i(i+1)} - X_n = 0.018m$ $f_Y = Y_1 + \sum_{i=1}^{n-1} \Delta Y_{i(i+1)} - Y_n = 0.003m$ $f = \sqrt{f_X^2 + f_Y^2} = 0.018m$ $\frac{1}{T} = \frac{f}{\sum_{i=1}^{n-1} D_{i(i+1)}} = \frac{1}{15843} \leqslant \frac{1}{4000}$				导线略图:略			

11. 【答案】

(1)

$$\alpha_{MN} = 180° + \arctan\frac{Y_N - Y_M}{X_N - X_M} = 36°49'18''$$

$$S_{MN} = \sqrt{(X_N - X_M)^2 + (Y_N - Y_M)^2} = 276.698(m)$$

$$S_{MP} = S_{MN}\frac{\sin\gamma}{\sin(\beta + \gamma)} = 282.979(m)$$

$$X_P = X_M + S_{MP}\cos\alpha_{MP} = 539.093(m)$$

$$Y_P = Y_M + S_{MP}\sin\alpha_{MP} = 895.548(m)$$

(2)

$$\beta = \arccos\frac{S_{MN}^2 + S_{MP}^2 - S_{NP}^2}{2S_{MN}S_{MP}} = 43°13'55''$$

$$\alpha_{MP} = \alpha_{MN} - \beta = 49°20'53''$$

$$X_P = X_M + S_{MP}\cos\alpha_{MP} = 444.908(m)$$

$$Y_P = Y_M + S_{MP}\sin\alpha_{MP} = 880.073(m)$$

(3)

$$\gamma = \arccos\frac{S_{MN}^2 + S_{NP}^2 - S_{MP}^2}{2S_{MN}S_{NP}} = 47°14'08''$$

$$f = \delta - (180° - \beta - \gamma) = -27''$$

$$\hat{\beta} = \beta - \frac{f}{3} = 43°14'04''$$

$$\alpha_{MP} = \alpha_{MN} - \hat{\beta} = 49°20'44''$$
$$X_P = X_M + S_{MP}\cos\alpha_{MP} = 444.915(\text{m})$$
$$Y_P = Y_M + S_{MP}\sin\alpha_{MP} = 880.067(\text{m})$$

12. 【答案】

（1）单一水准路线包括附合水准路线、闭合水准路线和支水准路线三种。

（2）附合水准路线从一个已知点经过一系列导线点附合到另一个已知点，对观测数据和已知数据都有检核；闭合水准路线从一个已知点经过一系列导线点闭合到该已知点，对观测数据有检核；支水准路线从一个已知点出发，既不附合也不闭合，没有检核条件。

13. 【答案】

三、四等水准测量一般观测顺序为"黑黑红红"或"后前前后"，具体含义是后尺黑面、前尺黑面、前尺红面、后尺红面。四等水准测量也可以采用后尺黑面、后尺红面、前尺黑面、前尺红面的顺序，即"黑红黑红"或"后后前前"。

14. 【答案】

表 6-3　　　　　　　　　　四等水准测量记录手簿

测站	目标	后尺 上丝读数 / 下丝读数 / 后视距（m）/ 视距差（m）	前尺 上丝读数 / 下丝读数 / 前视距（m）/ 累积差（m）	方向及尺号	中丝读数 黑面	中丝读数 红面	k+黑 $-$红（mm）	高差 黑面高差	高差 红面高差	高差中数（m）	备注
1	S1 — S2	**1023** / **0659** / 36.4 / 0.7	**1546** / **1189** / 35.7 / 0.7	后 / 前 / 后−前	**0869** / **1412** / −0543	5658 / 6100 / −0442	−2 / −1 / −1			−0.542	$k_{后}$ = 4787 $k_{前}$ = 4687

续表

测站	目标	后尺 上丝读数 / 下丝读数 / 后视距（m） / 视距差（m）	前尺 上丝读数 / 下丝读数 / 前视距（m） / 累积差（m）	方向及尺号	中丝读数 黑面	中丝读数 红面	黑面高差	红面高差	k+黑-红（mm）	高差中数（m）	备注
2	S2 ↓ S3	**0978** / **0572** / 40.6 / -1.3	**1356** / **0937** / 41.9 / -0.6	后 / 前 / 后-前	**0771** / **1146** / -0375	**5460** / **5935** / -0475	-2 / -2 / 0			-0.375	$k_{后}$=4687 $k_{前}$=4787

15. 【答案】

表6-4 附合水准路线计算表

点号	距离（km）	观测高差（m）	高差改正数（mm）	改正后高差（m）	高程（m）	备注
$BM1$					263.351	
	1.0	**-1.023**	3	-1.020		
1					262.331	
	2.3	**+0.689**	8	+0.697		
2					263.028	
	0.9	**+1.235**	3	+1.238		
3					264.266	
	1.1	**-2.510**	4	-2.506		
$BM2$					261.760	
$\sum$	5.3	-1.609	18	-1.591		

闭合差及检核：

$f_h = \sum h - (H_{BM2} - H_{BM1}) = -18 \text{(mm)}$

$f_{h限} = 20\sqrt{\sum D(\text{km})} = -46 \text{mm}$

水准路线略图：略

16. 【答案】

(1) O 点观测高程：

$$H_{O_M} = H_M + h_{MO} = 171.713(\text{m})$$

$$H_{O_N} = H_N + h_{NO} = 171.723(\text{m})$$

$$H_{O_Q} = H_Q + h_{QO} = 171.713(\text{m})$$

O 点高程最可靠值：

定权 $\quad P_M = \dfrac{1}{10},\ P_N = \dfrac{1}{8},\ P_Q = \dfrac{1}{11}$

带权平均值 $\quad H_O = \dfrac{P_M H_{O_M} + P_N H_{O_N} + P_Q H_{O_Q}}{P_M + P_N + P_Q} = 171.717(\text{m})$

(3) O 点高程中误差

改正数 $\quad \begin{cases} v_{H_{O_M}} = H_O - H_{O_M} = 4(\text{mm}) \\ v_{H_{O_N}} = H_O - H_{O_N} = -6(\text{mm}) \\ v_{H_{O_Q}} = H_O - H_{O_Q} = 4(\text{mm}) \end{cases}$

单位权中误差 $\sigma_0 = \sqrt{\dfrac{P_M \times v_{H_{O_M}}^2 + P_N \times v_{H_{O_N}}^2 + P_Q \times v_{H_{O_Q}}^2}{3-1}} = 1.9(\text{mm})$

高程中误差 $\quad \sigma_{H_O} = \dfrac{\sigma_0}{\sqrt{P_M + P_N + P_Q}} = 3.4(\text{mm})$

17. 【答案】

美国的 GPS、俄罗斯的 GLONASS、欧洲的 GALILEO、中国的北斗卫星导航系统。

18. 【答案】

（1）空间部分——GPS 卫星星座；

（2）地面控制部分——地面监控系统；

（3）用户设备部分——GPS 信号接收机。

19. 【答案】

GNSS 测量技术能够快速、高效、准确地提供点、线、面要素的精确三维坐标以及其他相关信息，不需要测点间通视，在构网方面更加灵活、方便，具有全天候、高精度、自动化、高效益等优势。

20. 【答案】

利用 GNSS 进行定位的基本原理是空间后方交会，即以 GNSS 卫星和用户接收机天线之间的距离（或距离差）的观测量为基础，根据已知的卫星瞬时坐标来确定用户接收机所对应的位置，即待定点的三维坐标（X，Y，Z）。

21. 【答案】

伪距定位采用 GNSS 伪距观测值，伪距观测值既可以是 C/A 码伪距，也可以是 P 码伪距。在定位时，接收机震荡产生与卫星发射信号相同的一组测距码，比较延迟器与接收机收到的信号，当彼此完全重合时，测出本机信号延迟量即为卫星信号的传输时间，再乘以光速，得出卫星与天线相位中心的斜距。如果同时观测了 4 颗卫星，即可以按距离交会法算出测站的位置和时钟误差。

22. 【答案】

按照误差来源，GNSS 测量误差可分为三类：与 GNSS 卫星有关的误差；与 GNSS 卫星信号传播有关的误差；与 GNSS 接收机有关的误差。

23. 【答案】

（1）在 GNSS 测量中，测站周围的反射物所反射的卫星信号进入接收机天线，将和直接来自卫星的信号产生干涉，从而使观测值产生偏差，即为多路径误差；

（2）为了减弱多路径误差，测站位置应远离大面积平静水面，测站附近不应有高大建筑物，测站点不宜选在山坡、山谷和盆地中。

24. 【答案】

跟踪站式、会战式、多基准站式（枢纽点式）、同步图形扩展式、单基准站式。

25. 【答案】

（1）若干接收机长期固定安放在测站上，常年不间断地连续观测，即一年观测 365 天，一天观测 24 小时，观测时间长、数据量大；

（2）数据处理时，一般采用精密星历，精度极高，具有框架基准特性；

（3）一般需要建立专门的永久性建筑即跟踪站，用以安置仪器设备，观测成本高；

（4）一般用于 GNSS 跟踪站（AA 级网）、永久性监测网（监测地壳形变、大气物理参数等）。

26.【答案】

（1）在布设 GNSS 网时，一次组织多台 GNSS 接收机，集中在一段不太长的时间内，共同作业。在作业时，所有接收机在若干天的时间里分别在同一批点上进行多天、长时段的同步观测，在完成一批点的测量后，所有接收机又都迁移到另外一批点上进行相同方式的观测，直至所有的点观测完毕，这就是会战式布网；

（2）各基线均需较长时间、多时段的观测，具有特高的尺度精度，一般用于布设 A、B 级网。

27.【答案】

（1）若干台接收机在一段时间里长期固定在某几个点上进行长时间的观测，这些测站称为基准站，在基准站进行观测的同时，另外一些接收机则在这些基准站周围相互之间进行同步观测，这种布网形式称为多基准站式；

（2）由于在各个基准站之间进行了长时间的观测，可以获得较高精度的定位结果，这些高精度的基线向量可以作为整个 GNSS 网的骨架，具有较强的图形结构，适合 C、D 级网。

28.【答案】

（1）多台接收机在不同测站上进行同步观测，在完成一个时段的同步观测后，又迁移到其他的测站上进行同步观测，每次同步观测都可以形成一个同步图形，在测量过程中，不同的同步图形间一般有若干个公共点相连，整个 GNSS 网由这些同步图形构成，这种布网形式称为同步图形扩展式；

（2）具有扩展速度快，图形强度较高，且作业方法简单的优点，是最常用的一种 GNSS 布网形式，适合 C、D 级网。

29.【答案】

（1）单基准站式又称作星形网方式，它是以一台接收机作为基准站，在某个测站上连续开机观测，其余的接收机在此基准站观测期间，在其周围流动，每到一点就进行观测，流动的接收机之间一般不要求同步，这样，流动的接收机每观测一个时段，就与基准站间测得一条同步观测基线，所有这样测得的同步基线就形成了一个以基准站为中心的星形；

（2）效率很高，但是由于各流动站一般只与基准站之间有同步观测基线，故图形强度很弱，为提高图形强度，一般需要每个测站至少进行两次观测，适用于 D、E 级网。

30. 【答案】

（1）为保证对卫星的连续跟踪观测和卫星信号的质量，要求测站上空应尽可能的开阔，在 10°~15°高度角以上不能有成片的障碍物；

（2）为减少各种电磁波对 GNSS 卫星信号的干扰，在测站周围约 200m 的范围内不能有强电磁波干扰源，如大功率无线电发射设施、高压输电线等；

（3）为避免或减少多路径效应的发生，测站应远离对电磁波信号反射强烈的地形、地物，如高层建筑、成片水域等；

（4）为便于观测作业和今后的应用，测站应选在交通便利，架设仪器方便的地方；

（5）应选择易于保存的地方设站。

31. 【答案】

（1）为保证 GNSS 网中各相邻点具有较高的相对精度，对网中距离较近的点一定要进行同步观测，以获得它们间的直接观测基线；

（2）为提高整个 GNSS 网的精度，可以在全面网之上布设框架网，以框架网作为整个 GNSS 网的骨架；

（3）在布网时要使网中所有最小异步环的边数不大于 6 条；

（4）在布设 GNSS 网时，引入高精度激光测距边，作为观测值与 GNSS 观测值（基线向量）一同进行联合平差，或将它们作为起算边长；

（5）若要采用高程拟合的方法，测定网中各点的正常高/正高，则需在布网时，选定一定数量的水准点，水准点的数量应尽可能的多，且应在网中均匀分布，还要保证有部分点分布在网的四周，将整个网包含其中；

（6）为提高 GNSS 网的尺度精度，可增设长时间、多时段的基线向量。

32. 【答案】

（1）若要求新布设的 GNSS 网的成果与原有成果吻合较好，则起算点数量越多越好，若不要求新布设的 GNSS 网的成果完全与原有成果吻合，则一般可选

3~5 个起算点，这样既可以保证新老坐标成果的一致性，也可保持 GNSS 网的原有精度；

（2）为保证整网的点位精度均匀，起算点一般应均匀地分布在 GNSS 网的周围。尽量避免所有的起算点分布在一侧的情况。

33．【答案】

（1）提取基线向量并构建 GNSS 基线向量网；

（2）三维无约束平差；

（3）约束平差/联合平差；

（4）质量分析与控制。

34．【答案】

基准站把接收到的所有卫星信息如基准站坐标、天线高等都通过无线电通信系统传递到流动站，流动站在接收卫星数据的同时也接收基准站传递的卫星数据，在流动站完成初始化后，把接收到的基准站信息传送到控制器内并将基准站的载波观测信号与本身接收到的载波观测信号进行差分处理，即可实时求得未知点的坐标。

35．【答案】

（1）图根控制测量；

（2）地形图测绘；

（3）工程放样；

（4）地质特征点采集；

（5）物化探网布设；

（6）地质剖面测量。

36．【答案】

（1）每个点的测量都是独立完成的，不会产生累积误差，各点放样精度趋于一致；

（2）不需要通视，相对于全站仪放样具有更高的效率。

第 7 章

1. 【答案】
(1) 地形图比例尺是地形图上任一线段的长度与对应实地水平距离的比值，通常表示为分子为 1 的形式。
(2) 比例尺精度的意义在于两方面：一是根据比例尺精度确定测图的精细程度；二是根据测图要求的精细程度确定测图比例尺。

2. 【答案】
地形图图式是由国家质量监督检验检疫总局与国家标准化管理委员会发布的地形图测绘的"国家标准"。地形图图式中规定了地物符号、地貌符号、注记与整饰要求以及使用符号的原则、方法和要求。

3. 【答案】
(1) 等高线是地面上高程相等的点依次连接而成的闭合曲线。
(2) 等高线特性如下：
①同一条等高线上各点高程相等；
②等高线是闭合曲线，在本图幅不闭合，也会在相邻图幅闭合；
③等高线遇陡崖重合，遇悬崖相交，否则不重合、不相交；
④同一幅地形图内，等高线平距与坡度成反比；
⑤等高线与地性线正交，山脊的等高线凸向低处，山谷的等高线凸向高处。

4. 【答案】
(1) 地形图上相邻等高线之间的高差称为等高距；
两条相邻等高线之间的水平距离为等高线平距；
地面坡度是坡面与水平面所成锐角的正切值。

(2) 在同一幅地形图上，设等高距为 h，等高线平距为 d，坡度为 i。则三者关系为

$$i = \frac{h}{d}$$

5.【答案】

(1) 经纬分幅按经纬度进行分幅，图幅形状接近梯形，也称梯形分幅。

(2) 1∶100 万地形图采用经纬分幅，从经度 180°开始，自西向东按照经差 6°分列，列号用阿拉伯数字 1~60 表示；从赤道向两极，按照纬差 4°分行，行号用大写英文字母 A—V 表示，编号采用"行号+列号"形式。两极单独成幅，用 Z 表示。

6.【答案】

(1) 矩形分幅按平面坐标进行分幅，图幅形状为矩形或正方形。

(2) 矩形分幅地形图编号的通用方法是用图幅西南角坐标千米数编号，即纵横坐标以千米为单位的数值用"-"连接，作为该图幅的编号。矩形分幅编号还有其他方法，如基本图幅编号法和行列编号法。

7.【答案】

1∶100 万图幅编号为 F50；

1∶50 万图幅编号为 F50B001001；

1∶25 万图幅编号为 F50C002001；

1∶10 万图幅编号为 F50D006001；

1∶1 万图幅编号为 F50G044002。

8.【答案】

西图廓经度为 96°33′45″，南图廓纬度为 35°35′。

9.【答案】

图根平面控制测量可以采用导线测量、GNSS 测量等。图根高程控制测量可以采用水准测量、三角高程测量及 GNSS 高程测量方法。

10.【答案】

(1) 地物测绘：依比例尺绘制符号的地物应保证轮廓位置的几何精度，轮廓投影为折线的地物选择拐角点，投影为曲线的地物按比例尺精度选择曲率变

化点；半依比例尺绘制线状符号的地物应保证主线位置的几何精度，选择线状地物主线的曲率变化点；不依比例尺绘制符号的独立地物应保证其主点位置的几何精度。

（2）地貌包括等高线地貌和特殊地貌。对于等高线地貌，沿着地性线选择特征点测绘，包括山顶点、谷底点、鞍部点、山脊线和山谷线上的变坡点、山脚线拐弯点等，如果地形变化不明显，测绘的地形点也要有一定的密度，以便准确绘制等高线。对于特殊地貌，如陡崖、悬崖、崩塌残蚀地貌、坡、坎等，沿着边界选择特征点，更准确地绘制特殊地貌符号。

11.【答案】

数字化测图系统是以全站仪、GNSS、无人机等测绘仪器进行外业数据采集（包括地形空间数据及其属性信息），内业以计算机及测图软件为核心，在外接输入输出设备的支持下，进行数据输入、编辑、绘图、输出、管理的测绘系统。

12.【答案】

（1）等高线插绘原理是：相邻地形点之间坡度相同，平距与高差成正比；

（2）先绘出地性线，沿地性线按照基本等高距插绘出等高线通过的点，然后将高程相等的点依次连接成闭合曲线，必要情况下可以加绘间曲线和助曲线。

13.【答案】

图廓外内容包括图名、图号、接图表、比例尺、坡度尺、三北方向、图例、坐标系统、高程系统、施测单位、施测时间等。

14.【答案】

数字地形图与纸质地形图比较

特征	数字地形图	纸质地形图
信息载体	计算机存储介质	图纸
表达方法	计算机可识别的代码系统和属性特征	线划、颜色、符号、注记等
数学精度	测量精度	测量及绘图综合精度
应用方式	借助计算机及其外围设备	几何作图

15. 【答案】

如下图所示

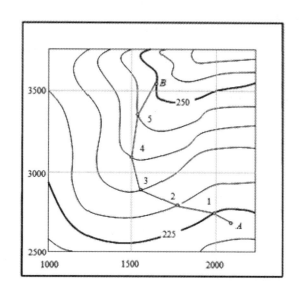

（1）计算图上相邻等高线间满足坡度要求的最短距离，如果起点 A 位于两条等高线之间，量测起点 A 高程，计算起点 A 至相邻等高线（225）的最短距离；

（2）从起始点 A 开始，以最短距离为半径画弧，与相邻等高线相交，交点可能不止一个，尽量选择直伸路线，还要顾及地形施工方便等。

（3）最后，将相邻等高线上的点连接起来便是按照满足设计坡度的最短路线。

16. 【答案】

如下图所示：

（1）在地形图上，连接断面方向线 AB，与等高线相交，量测交点距断面起点 A 的水平距离和高程；

（2）在图纸上，绘制水平直线作为距离轴，绘制垂直线作为高程轴；

（3）根据水平距离和高程将每个交点展在图纸上，一般水平距离比例尺与地形图比例尺一致，高程比例尺是水平距离比例尺的 5~10 倍，也可以根据实际

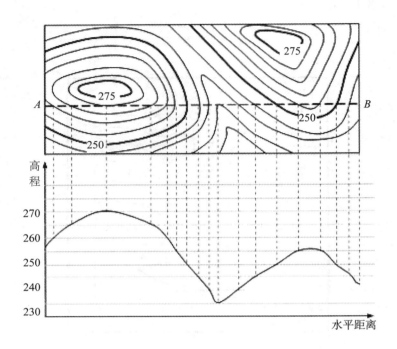

需要确定比例尺;

(4) 用光滑曲线依次连接各点,形成断面图。

17.【答案】

(1) A 点的高程约为 496.5m,B 点的高程约为 498.6m;

(2) B 点到导线点 D123 的高差约为 3.2m;

(3) 路灯,2 层砖房,1 层砼房,导线点。

18.【答案】

(1) 看牛山最高点的高程为 136.0m;

(2) 看牛山最高点的平面坐标约为(3118780.0,21255100.0)m;

(3) 看牛山最高点到导线点(高程 68.4m)方向的坐标方位角约为 180°,看牛山最高点到导线点(高程 68.4m)方向的水平距离约为 1380.0m;

(4) 水稻、橘子树、疏林。

第 8 章

1.【答案】

(1) 一般分为三个阶段,即规划设计阶段、施工测量阶段和运营管理阶段。

(2) 规划设计阶段:主要是为规划设计提供各种比例尺地形图,为工程地质勘探、水文地质勘探等提供测量服务,以及对于重要工程进行必要的地层稳定性观测等;

施工测量阶段:主要是施工控制网的建立、施工放样、施工进度和质量监控、开挖与建筑方量测绘、施工期变形监测、设备安装以及竣工测量等;

运营管理阶段:主要是安全监测和维修养护测量。

2.【答案】

(1) 在工程建设施工阶段所进行的测量工作,称为施工测量;

(2) 在施工控制测量的基础上,将设计的建(构)筑物的位置和形状在实地标定出来,作为施工的依据,称为放样,也叫测设。

3.【答案】

测量是将地面上的地形、地物测绘成图,而测设是将图上设计的工程建(构)筑物标定到地面。

4.【答案】

(1) 建筑限差即建筑物竣工后实际位置相对于设计位置的极限偏差,又称施工允许的总误差。

(2) 建筑限差与建筑结构、用途、建筑材料和施工方法等有关。如按照建筑结构和材料,其建筑限差从小到大排列为:钢结构、钢筋混凝土结构、毛石混凝土和土石结构。

5. 【答案】

可以通过以下两种方法确定放样精度。

(1) 依据规范直接确定：

根据相关规范，对于部分建（构）筑物，规范中直接规定了施工放样的允许误差，则直接取其二分之一确定放样精度。

(2) 根据建筑限差 Δ 确定：

设点位中误差 $m_{点} = \dfrac{\Delta}{2}$，它由测量中误差和施工中误差组成，测量中误差又由控制点误差引起和施工放样误差引起，则

$$m_{点}^2 = m_{测量}^2 + m_{施工}^2 = m_{控制}^2 + m_{放样}^2 + m_{施工}^2$$

依据建筑限差 Δ，确定 $m_{点}$，并给予 $m_{控制}$、$m_{放样}$、$m_{施工}$ 之间一定的比例关系，就可以确定放样的精度。

6. 【答案】

(1) 按照施工放样的基本内容，一般分为角度放样、距离放样、平面点位放样和高程放样等。

(2) 按照施工放样的组织程序，一般分为直接法放样和归化法放样。

7. 【答案】

(1) 平面点位放样方法分为极坐标法、直角坐标法、方向线交会法、角度交会法、距离交会法、坐标测量法等。

(2) 高程放样主要有水准测量法、三角高程测量法、不量高全站仪垂距测量法、RTK 法等。

8. 【答案】

(1) 直接法放样是在实地直接根据已知点放样出设计量（角度、距离、高差、坐标等）的放样方法；

(2) 归化法放样是先用直接法放样一个过渡位置，然后通过精密测量，计算过渡位置与设计位置偏差获取归化值（距离、高差等），再依据归化值，把过渡位置修正到正确位置的放样方法。

9. 【答案】

(1) 角度放样是从一个已知方向出发，放样出另外一个方向，使它与已知

方向间夹角等于设计角值的工作。主要有直接法放样和归化法放样。

（2）如图 8-1 所示，地面上有已知控制点 A、B，要求在实地放样出与已知方向 AB 夹角为 β 的另外一个方向的标桩 P。则放样步骤如下：

①在 A 点安置全站仪，盘左瞄准 B 点，读取度盘读数；

②松开照准部，旋转到度盘读数增加 β 后，固定照准部，在此视线方向上定出 P'；

③倒转望远镜（盘右），用同样的步骤在视线方向上定出 P''；

④取 P'、P'' 连线的中点 P，则 $\angle BAP = \beta$。

（3）如图 8-2 所示，在 A 点安置全站仪，先用直接法放样 β 角，定出过渡点 P'，再用适当的测回数较精密地测出 $\angle BAP' = \beta'$，并测量 AP' 的距离为 S，将 β' 与设计值 β 比较，得差数 $\Delta\beta = \beta' - \beta$，进而求出归化值 PP'：

$$PP' = \frac{\Delta\beta}{\rho} \cdot S$$

接着，从 P' 点出发，在与 AP' 相垂直的方向上，归化 PP'，得到待定点 P，则 $\angle BAP = \beta$。

10.【答案】

（1）极坐标法放样是通过放样水平角和距离实现点位放样。

如图 8-3 所示，设 A、B 为已知控制点，P 为待放样点。根据已知点 A、B 的坐标 (x_A, y_A)、(x_B, y_B) 和待放样点 P 的设计坐标 (x_P, y_P)，计算放样数据 β 和 S：

$$\begin{cases} \alpha_{AP} = \arctan\dfrac{y_P - y_A}{x_P - x_A} \\ \alpha_{AB} = \arctan\dfrac{y_B - y_A}{x_B - x_A} \\ \beta = \alpha_{AP} - \alpha_{AB} \\ S = \sqrt{(x_P - x_A)^2 + (y_P - y_A)^2} = \dfrac{\Delta x_{AP}}{\cos\alpha_{AP}} = \dfrac{\Delta y_{AP}}{\sin\alpha_{AP}} \end{cases}$$

（2）极坐标法放样 P 点时，将全站仪安置在 A 点，以 B 点定向，放样角度 β，得一方向线，在此方向线上放样距离 S，得到放样点 P，用标桩固定。实际作业时，为提高 P 点的放样精度，还可以采用一测回或多测回放样。

（3）如果只考虑角度放样误差 m_β 和距离放样误差 m_S 对于点 P 的点位影响，则极坐标法放样 P 点的点位中误差 m_S 可估算为

$$m_P = \sqrt{\left(\frac{m_\beta}{\rho}\right)^2 \cdot S^2 + m_S^2}$$

11.【答案】

（1）适用于设有建筑方格网的建筑工业场地。因为控制点连线平行于坐标轴，这时采用直角坐标法的放样数据就是待放样点与控制点间的坐标差。

（2）如图 8-4 所示，$A(x_A, y_A)$、$B(x_B, y_B)$ 为建筑方格网点，坐标已知，P 为待放样点，设计坐标为 (x_P, y_P)，则 P 点放样元素为

$$\begin{cases} \Delta x_{AP} = x_P - x_A \\ \Delta y_{AP} = y_P - y_A \end{cases}$$

实地放样时，先将全站仪安置在 A 点，以 B 点定向，并自 A 点沿 AB 方向放样距离 Δy_{AP}，得到 C 点，将全站仪置于 C 点，仍以 B 点定向，逆时针放样 90°角，得到 CP 方向，自 C 沿此方向放样距离 Δx_{AP}，得到放样点 P，固定标桩。

（3）如果只考虑角度放样误差 m_β 和距离放样误差对于 P 点的点位影响，则直角坐标法放样 P 点的点位中误差可估算为

$$m_P = \sqrt{m_{\Delta x_{AP}}^2 + \left(\frac{m_\beta}{\rho}\right)^2 \cdot \Delta x_{AP}^2 + m_{\Delta y_{AP}}^2}$$

12.【答案】

（1）方向线交会法适用于设有建筑方格网且待放样建筑物轮廓线与建筑方格网呈平行或垂直关系的建筑工业场地。

（2）如图 8-5 所示，N_1、N_2、S_1、S_2 为建筑方格网点，1、1′及 2、2′是通过在方格网上量距，定出的方向线的定向点，在定向点 1 及 2 上安置全站仪，分别瞄准 1′及 2′，则方向线 11′与 22′的交点即为放样点 P 的位置。

（3）方向线交会法是以建筑方格网为基础，通过放样距离进而得到实地相互垂直的两条方向线交会定点，而前方交会法则是通过放样角度得到两条方向线交会定点，该法放样点位的交会角要求在 30°~150°之间。

13.【答案】

如图 8-6 所示，$A(x_A, y_A)$、$B(x_B, y_B)$ 为已知控制点，分别在 A、B 放样角度 β_1、β_2，交会出待放样点 P。放样数据 β_1、β_2 可通过 A、B 的已知坐标和 P 点的设计坐标计算：

$$\begin{cases} \alpha_{AP} = \arctan \dfrac{y_P - y_A}{x_P - x_A} \\ \alpha_{AB} = \arctan \dfrac{y_B - y_A}{x_B - x_A} \\ \beta_1 = \alpha_{AB} - \alpha_{AP} \end{cases}$$

同理可求 β_2。

14.【答案】

角度交会法放样点位的交会角应在 30°~150°之间，个别困难地区，也不得小于 20°。

15.【答案】

（1）全站仪坐标放样要求测站点与放样点间必须通视，其放样精度不均匀，精度随放样距离的增加而降低；而 RTK 坐标放样不需要彼此间通视，能远距离传递三维坐标，不产生误差积累；

（2）在高精度（如 mm 级）放样及室内信号弱或无信号的地方，只能使用全站仪坐标放样。

16.【答案】

在场地平整、基坑开挖、建筑物地坪高程标定、隧道底板高程标定、线路按设计坡度放样等场合经常需要进行高程放样。

17.【答案】

一般法适用于待放样高程低于视线高且在尺长可控范围内的高程放样；倒尺法适用于待放样高程高于视线高且在尺长可控范围内的高程放样；悬尺法高程放样适用于待放样高程远高于或远低于视线高，需用长钢尺代替水准尺完成高程放样。

18.【答案】

（1）对于起伏较大的高程放样，如大型厂房屋架的高程放样，用水准测量法放样比较困难，则可以采用不量高全站仪垂距测量法进行高程放样。如图 8-7 所示，在 O 处安置全站仪，在已知高程点 A 及待放样高程 B 处架设等高棱镜，测量 A、B 的垂距分别为 v_A、v_B（代数值），则 A、B 两点之间的高差 $h_{AB}=v_B-v_A$，由此可求出 B 点高程为

$$H_B = H_A + h_{AB} = H_A + v_B - v_A$$

将测得的 H_B 与设计值比较，在 B 处，指挥并归化放样高程 H_B，作上标记。

（2）该法不仅解决了大高差的高程放样问题，而且无需量取仪器高，作业速度快，放样精度高。

19.【答案】

内插定线和外插定线都是平面直线放样的方法。

（1）内插定线是在已知的两点之间放样一系列点，使它们位于这两点所在的直线上；

（2）外插定线是在已知两点的延长线上放样一系列点。

20.【答案】

为确保烟囱、铁塔等高耸建筑物的垂直度，要进行铅垂线的放样工作。

（1）悬吊垂球法：用钢丝悬吊重锤构成铅垂线，以控制建筑结构竖向偏差。

（2）全站仪垂直投影法：在两个大致垂直方向上安置全站仪，如下图所示，两仪器置平后视准轴上下转动形成两个铅垂面相交获取铅垂线。

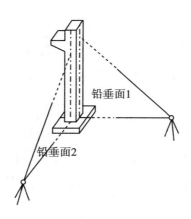

（3）激光垂准仪法：激光垂准仪是一种竖向测量的专用仪器，可以发射铅

垂激光束来获得铅垂线，为提高投点精度，采用光电探测系统，激光束铅垂精度可达 0.3″~0.5″。

21.【答案】

（1）计算 B 点的设计高程 H_B：

$H_B = H_A + h_{AB} = H_A + i_{AB} \cdot S_{AB}$

（2）放样 A、B 两点设计高程 H_A 及 H_B：

依据场地附近水准点，按一般高程放样方法，在给定位置 A、B 处放样出设计高程 H_A 及 H_B 对应的高程位置；

（3）放样 A、B 两点之间满足坡度 i_{AB} 的一系列点：

①将全站仪安置在 A 点，使两个脚螺旋连线与 AB 方向垂直，另一脚螺旋位于 AB 方向上，量取仪器高 i；

②粗瞄 B 点上的水准尺，然后调节位于 AB 方向上的脚螺旋和微倾螺旋，使视线在 B 点水准尺读数为仪器高 i，此时视线方向与设计坡度线平行，这时仪器视线方向固定不再调节；

③测量员通过仪器视场指挥 AB 之间木桩处的水准尺上下移动，使各水准尺的中丝读数皆为仪器高 i 时，在尺底对应的木桩侧面画线，则各木桩画线处连线即为设计坡度线。

22.【答案】

（1）在平面内连接不同方向的曲线称为平面曲线；

（2）在线路的纵断面，连接两个不同坡度的曲线称为竖曲线；

（3）连接不同平面上直线的曲线，称为立交曲线。

23.【答案】

（1）缓和曲线是变半径曲线，而单圆曲线是固定半径曲线；

（2）缓和曲线是用来连接直线和圆曲线或者连接两个不同半径的圆曲线的曲线，而单圆曲线是道路平面的走向改变方向或竖向改变坡度时所设置的连接两相邻直线段的圆弧形曲线。

24.【答案】

（1）单圆曲线简称圆曲线，如图 8-9 所示，圆曲线的主点有三个，包括直圆点、曲中点和圆直点；

（2）圆曲线的直圆点、曲中点和圆直点分别用 ZY、QZ、YZ 表示；

（3）圆曲线要素包括半径 R、偏角 α、切线长 T、曲线长 L、外矢距 E 和切曲差 q。

25.【答案】

圆曲线要素中，通常 R 是根据线路等级和地形条件设计的，α 是线路定测时测出的。则其余要素可按照下式计算，作为主点放样元素。

$$\begin{cases} T = R \cdot \tan\dfrac{\alpha}{2} \\ L = \dfrac{\pi}{180°}\alpha \cdot R \\ E = R \cdot \left(\sec\dfrac{\alpha}{2} - 1\right) \\ q = 2T - L \end{cases}$$

26.【答案】

线路交点（JD）里程通常在定测时测出，则曲线主点里程可由 JD 里程计算：

$$\begin{cases} ZY_{里程} = JD_{里程} - T \\ QZ_{里程} = ZY_{里程} + \dfrac{L}{2} \\ YZ_{里程} = QZ_{里程} + \dfrac{L}{2} \end{cases}$$

所计算的主点里程可用下式检验：

$$YZ_{里程} = JD_{里程} + T - q$$

27.【答案】

如图 8-10 所示，主点放样如下：

（1）在 JD 上安置全站仪，分别以线路的两个切线方向定向，自 JD 起沿两切线方向分别量出切线长 68.34m，即得曲线起点 ZY 和曲线终点 YZ。

（2）在 JD 上以 ZY 定向，转角 55°39′，得分角线方向，沿此方向量出外矢距 21.12m，即得曲中点 QZ。

圆曲线主点对整条曲线起控制作用，放样完成后，还要对其进行检核。

28.【答案】

偏角法放样单圆曲线细部点实质是方向与距离交会。如图 8-11 所示，依据曲线点 i 的切线偏角 δ_i 和弦长 c_i 作方向与定长的交会，放样曲线细部点：

（1）在 ZY 点安置全站仪，以 JD 定向，根据偏角 δ_1 和弦长 c_1 放样细部点 1；

（2）根据偏角 δ_2 和弦长 c_2 放样细部点 2；

（3）依次类推，可测至 QZ 点；

（4）然后搬站至 YZ 点，放样曲线另一半。

其中，放样的切线偏角（弦切角）δ_i 计算如下：

$$\delta_1 = \frac{\varphi_1}{2} = \frac{l_1}{2R}\rho, \quad \delta_2 = \delta_1 + \frac{\varphi}{2} = \delta_1 + \delta, \quad \cdots, \quad \delta_n = \delta_1 + (n-2)\delta + \frac{\varphi_n}{2}$$

放样的弦长 c_i 计算如下：

$$c_1 = l_1, \quad c_2 = c_3 = \cdots = c_{n-1} = c(20\text{m 或 }10\text{m}), \quad c_n = l_n - l_{n-1}$$

29.【答案】

切线支距法放样单圆曲线细部点的实质是直角坐标法。如图 8-12 所示，依据曲线点 i 到切线及 ZY 点处半径方向的距离，放样曲线细部点。

建立以 ZY 点（或 YZ 点）为坐标原点，以切线方向为 x 轴，过 ZY 点（或 YZ 点）的垂线方向为 y 轴的直角坐标系。则曲线上任意一点 i 的坐标可表示为：

$$\begin{cases} x_i = R \cdot \sin\varphi_i = R \cdot \sin\left(\dfrac{l_i}{R}\right) \\ y_i = R(1 - \cos\varphi_i) = R\left[1 - \cos\left(\dfrac{l_i}{R}\right)\right] \end{cases}$$

放样时，可在 ZY 点安置全站仪，沿切线方向自 ZY（或 YZ）依次量出 x_i，定出各垂足点，然后在各垂足点处，沿与 x 轴垂直方向分别量出 y_i，即可定出各细部点。

30.【答案】

如图 8-13 所示，测站安置在 ZY 点上，根据曲线上任意一点的切线偏角 δ_i 及该点至曲线起点 ZY 的弦长 d_i，即可放样细部点。放样数据（δ_i，d_i）可按照下式由弧长 l_i 及半径 R 求得：

$$\begin{cases} \delta_i = \dfrac{\varphi_i}{2} = \dfrac{l_i}{2R}\rho \\ d_i = 2R\sin\delta_i \end{cases}$$

放样时，将仪器置于 ZY 点，以 JD 方向定向，配置度盘为 $0°00'00''$，依次放样 δ_i 角及相应的弦长 d_i，则得曲线上各细部点。

31．【答案】

（1）自由设站法是指全站仪通过与已知点联测，快速确定测站在三维空间中的位置。

（2）如果曲线主点上不能设站或放样时通视受阻，可以选一个与曲线有良好通视条件且能看到至少两个已知点的位置设站。如图 8-14 所示，在点 J 设站，依次照准至少两个已知点（如 A、B）上的棱镜，基于全站仪自由设站程序，能快速解算测站点 J 的坐标。根据测站 J 的坐标和曲线上任意点坐标，依极坐标法放样原理，可计算放样数据，完成放样工作。

需要说明的是，计算放样数据时，需要统一坐标系统，即把以 ZY 点为坐标原点，切线方向为 x 轴的直角坐标系下的曲线各点坐标（x_i，y_i）转换到线路控制测量坐标系统中。如图 8-14 所示，首先测量 ZY 点在控制测量坐标系统中的坐标（X_{ZY}，Y_{ZY}），则根据 ZY 点和 JD 坐标，反算切线方位角 $A_0 = \alpha_{ZY\text{-}JD}$，进而利用下式计算曲线上各点在控制测量坐标系统的坐标：

$$\begin{pmatrix} X_i \\ Y_i \end{pmatrix} = \begin{pmatrix} X_{ZY} \\ Y_{ZY} \end{pmatrix} + \begin{pmatrix} \cos A_0 & -cc \cdot \sin A_0 \\ \sin A_0 & cc \cdot \cos A_0 \end{pmatrix} \begin{pmatrix} x_i \\ y_i \end{pmatrix}$$

式中，cc 表示曲线左右偏情况。曲线右偏，$cc = 1$；曲线左偏，$cc = -1$。

32．【答案】

（1）带有缓和曲线的圆曲线的主点有 5 个，分别是：直缓点、缓圆点、曲中点、圆缓点、缓直点。

（2）直缓点、缓圆点、曲中点、圆缓点、缓直点分别用 ZH、HY、QZ、YH、HZ 表示。

（3）若圆曲线半径 R 及缓和曲线长度 l_0 由设计给出，线路的转角 α 在定测时测出，则带有缓和曲线的圆曲线要素可由下式求得：

$$\begin{cases} T = (R+p) \cdot \tan\dfrac{\alpha}{2} + m \\[4pt] L = \dfrac{\pi}{180°}(\alpha - 2\beta_0)R + 2l_0 \\[4pt] E = (R+p)\left(\sec\dfrac{\alpha}{2} - 1\right) - R \\[4pt] q = 2T - L \end{cases}$$

式中，m、p、β_0 称为缓和曲线参数，可按下式计算：

$$\begin{cases} \beta_0 = \dfrac{l_0}{2R} \cdot \rho \\[4pt] m = \dfrac{l_0}{2} - \dfrac{l_0^3}{240R^2} \\[4pt] p = \dfrac{l_0^2}{24R} \end{cases}$$

33. 【答案】

带有缓和曲线的圆曲线主点里程可按下式计算：

$$\begin{cases} ZH_{\text{里程}} = JD_{\text{里程}} - T \\[4pt] HY_{\text{里程}} = ZH_{\text{里程}} + l_0 \\[4pt] QZ_{\text{里程}} = ZH_{\text{里程}} + \dfrac{L}{2} \\[4pt] HZ_{\text{里程}} = QZ_{\text{里程}} + \dfrac{L}{2} \\[4pt] YH_{\text{里程}} = HZ_{\text{里程}} - l_0 \end{cases}$$

所计算的圆曲线主点里程可通过切线长 T 和切曲差 q 进行检核，即

$$HZ_{\text{里程}} = JD_{\text{里程}} + T - q$$

34. 【答案】

可按照圆曲线主点的放样方法放样 ZH 点、HZ 点和 QZ 点。对于 HY 点和 YH 点，可根据这两个点的坐标（x_0，y_0），采用切线支距法放样。

35. 【答案】

采用偏角法放样带有缓和曲线的圆曲线细部点，对于缓和曲线段和圆曲线段，分开放样。

（1）对于缓和曲线段，如图8-16，一般按固定弦长 c（10m或20m）等分缓和曲线，则缓和曲线上第 j 点的放样偏角值 i_j 按下式计算：

$$i_j = \tan i_j = \frac{y_j}{x_j} = \frac{l_j^2}{6R \cdot l_0}$$

缓和曲线细部点一般为其等分点，设有 $n-1$ 个等分点，把 ZH-HY 段的缓和曲线分成了 n 份，则偏角值的计算可简化为：

$$\begin{cases} i_n = i_0 = \dfrac{l_0}{6R} = \dfrac{1}{3}\beta_0 \\ i_1 = \dfrac{1}{3n^2}\beta_0 \\ i_j = j^2 \cdot i_1 \\ \cdots\cdots \end{cases}$$

求得各点偏角后，可以按圆曲线细部点的偏角法放样步骤放样缓和曲线的细部点。

（2）对于圆曲线段，偏角法放样的关键是获得 HY 点或 YH 点处的切线方向，因为切线方向确定了，各细部点的偏角值计算及放样方法同单圆曲线。以 HY 点切线设置为例：以 HY 点设站，以 ZH 定向，度盘配置为 β_0-i_0（反拨时），倒转望远镜，则当度盘读数为 0°00′00″时，即为 HY 点切线方向，后续放样工作同单圆曲线偏角法放样。

36.【答案】

采用切线支距法放样有缓和曲线的圆曲线细部点，需要首先获取曲线上任意点的坐标。以 ZH~QZ 段为例：

如图8-17所示，建立以 ZH 为坐标原点，过 ZH 的缓和曲线的切线为 x 轴，ZH 点的半径方向为 y 轴的直角坐标系，则缓和曲线上任意点的直角坐标计算公式为：

$$\begin{cases} x_i = l_i - \dfrac{l_i^5}{40R^2 l_0^2} \\ y_i = \dfrac{l_i^{\,3}}{6R^2 l_0^2} \end{cases}$$

在式中,把 l_i 用 l_0 代替,就可以求出 HY 点和 YH 点的坐标 (x_0,y_0)。

圆曲线段任意点的直角坐标计算公式为:

$$\begin{cases} x_j = l_j - 0.5l_0 - \dfrac{(l_j - 0.5l_0)^3}{6R^2} + \cdots + m \\ y_j = \dfrac{(l_j - 0.5l_0)^2}{2R} - \dfrac{(l_j - 0.5l_0)^4}{24R^3} + \cdots + p \end{cases}$$

放样时,在 ZH 点安置全站仪,沿切线方向自 ZH 点依次量出 x_i,定出垂足,然后在各垂足处,沿与 x 轴垂直方向分别量出 y_i,定出各细部点。

同理,放样 HZ~QZ 段。

37.【答案】

一是合理选择自由设站点,要求设站点至少能看到两个已知点,且与曲线有良好的通视条件;

二是统一坐标系统,即实现测量坐标系与曲线坐标系的统一。

掌握这两个关键要点,然后根据设站点、定向点及曲线各细部点的坐标,按照极坐标法计算放样数据,进行细部点放样。

38.【答案】

(1) 当线路转向时受到地形限制,往往需要设定由不同半径的两个同向圆曲线构成的复曲线进行线路连接;

(2) 复曲线放样的关键要点是放样出公切点位置。公切点放样后,即可把复曲线分成两个单圆曲线进行放样。

有时候复曲线的元素 α_1、α_2 采用实地测定的办法。如图 8-18 所示,此时只要预先设计其中一圆曲线半径,另一半径需通过解算求得。给定半径的曲线称为主曲线;待定半径的曲线称为副曲线。本法的关键在于现场确定 A、B 点的位置,并测定偏角 α_1、α_2 及 AB 的距离。依据观测数据与设计半径算得 T_1、L_1、E_1,并按下式计算 T_2、R_2:

$$\begin{cases} T_2 = S_{AB} - T_1 \\ R_2 = \dfrac{T_2}{\tan\alpha_2} \end{cases}$$

再按 R_2、α_2 可求得副曲线其他要素 L_2、E_2、q_2。

外业放样时，自 A 沿线路的一个切线和 AB 方向分别量出切线长 T_1，得 ZY 点和公切点 Y；自 B 沿线路另一切线方向量出切线长 T_2，得 YZ 点；圆曲线其余主点及细部点的放样同单圆曲线的放样。

39．【答案】

（1）线路的纵断面是由许多不同坡度的坡段连接而成，纵断面上坡度变化点称为变坡点。

（2）在变坡点处，相邻两坡度的代数差称为坡度代数差 Δi。

（3）为了缓和变坡点处坡度的急剧变化，有关铁路、公路测量规范中对不同等级线路都规定了 Δi 的限值，当 Δi 超过限值时，应加设竖曲线。如我国 I、II 级铁路的变坡点处的两相邻坡度的代数差 Δi 应分别小于 3‰和 4‰。当 Δi 超过此限值时，应加设竖曲线。

40．【答案】

如图 8-19 所示，竖曲线半径 R 由设计给定，当线路允许的坡度较小时，纵断面上的转折角 α 可用坡度代数差代替，即 $\alpha = \Delta i = i_1 - i_2$，考虑 α 很小，则竖曲线的其余要素可表示为：

$$\begin{cases} T = R \cdot \tan\dfrac{\alpha}{2} = \dfrac{R}{2}\Delta i \\ L \approx 2T \\ E = \dfrac{T^2}{2R} \end{cases}$$

41．【答案】

竖曲线放样常用切线支距法，建立以竖曲线起点为原点，切线方向为 x 轴的直角坐标系，因 i_1、i_2 及 α 很小，可认为半径方向的 y 值等于该点处切线与曲线的高程差，则

$$y = \dfrac{x^2}{2R}$$

曲线上各点设计高程可由各点的切线高程加减（凸-、凹+）y 值获得，放样时，把 T 和 x 均作平距处理，认为产生的误差可以忽略。根据切线长 T，可由变坡点定出曲线的起点和终点，放样高程；先根据 x 定出各细部点，然后根据附近的已知高程点进行各点的设计高程放样。

42.【答案】

（1）曲线要素为：

$$T = R \cdot \tan\frac{\alpha}{2} = 68.34\text{m}$$

$$L = \frac{\pi}{180°}\alpha \cdot R = 119.50\text{m}$$

$$E = R \cdot \left(\sec\frac{\alpha}{2} - 1\right) = 21.12\text{m}$$

$$q = 2T - L = 17.18\text{m}$$

主点里程为：

$$ZY_{里程} = JD_{里程} - T = DK2 + 185.68\text{m}$$

$$QZ_{里程} = ZY_{里程} + \frac{L}{2} = DK2 + 245.43\text{m}$$

$$YZ_{里程} = QZ_{里程} + \frac{L}{2} = DK2 + 305.18\text{m}$$

（2）曲线主点放样步骤如下：

①在 JD 上安置全站仪，分别以线路的两个切线方向定向，自 JD 起沿两切线方向分别量出切线长 68.34m，得曲线起点 ZY 和终点 YZ；

②在 JD 上以 ZY 定向，转角 55°39′，得分角线方向，沿此方向量出外矢距 21.12m，得曲中点 QZ。

圆曲线主点对整条曲线起控制作用，放样完成后，还要对其进行检核。

43.【答案】

（1）$m_P = \sqrt{\left(\dfrac{m_\beta}{\rho}\right)^2 \cdot S^2 + m_S^2}$

(2) $m_\beta \leq \rho \sqrt{\dfrac{m_P^2 - m_S^2}{S^2}} = 6.4''$

44.【答案】

(1) 设 D 点上的标尺读数为 d，依据基坑内设站的视线高程 H_i，得：

$$Hi = H_D + d = H_A + a - (c - b)$$

则 $d = H_A + a - (c - b) - H_D = 171.00 + 1.50 - (16.43 - 1.20) = 1.27(\text{m})$

(2) 在 D 处上下移动水准尺，当水准尺读数为 1.27 m 时，尺底高程即为 156.00 m 位置，标示在 D 处木桩上。

45.【答案】

(1) 选 A 做测站点，B 做定向点。图略。

(2) $\alpha_{AP} = \arctan(\Delta Y_{AP}/\Delta X_{AP}) = 17°52'26''$

$\alpha_{AB} = \arctan(\Delta Y_{AB}/\Delta X_{AB}) = 339°39'25''$

放样元素：$\beta = \alpha_{AB} - \alpha_{AP} = 38°13'01''$

$$S_{AP} = \sqrt{\Delta X_{AP}^2 + \Delta Y_{AP}^2} = 31.066\text{m}$$

(3) 放样步骤：把全站仪设置在 A 点，以 B 点定向，度盘配置为 $0°0'0''$，转动照准部，当度盘读数为 $38°13'01''$时，固定照准部，得到放样方向，在此方向上放样距离 31.066m，即得到放样点 P 的位置。

第 9 章

1. 【答案】
(1) 地质勘探是查明地质构造、探寻矿产的实践活动。
(2) 通过科学的方法确定矿体的位置、产状、品位和储量，为矿山设计和开采提供可靠地质依据。

2. 【答案】
(1) 地质勘探一般分为普查和详查两个阶段。
(2) 普查阶段主要任务：根据地表上发现的矿点（矿体露头），结合地表揭露工程和少量勘探工程等地质观察结果，初步查明矿产品种、矿体规模、形状和产状，确定矿石品位和储量及对矿区有无详细勘探价值做出评价；

详查阶段主要任务：在普查基础上进一步查明矿区地质构造、矿体产状、矿石品位、物质组分及储量等更为可靠的地质资料。

3. 【答案】
除地质观察外，勘探方法还有地表揭露工程（剥土、槽探、井探等）、钻探工程以及物理探矿和化学探矿等，有时也需要一定数量的坑道探矿。

4. 【答案】
在矿产普查和详查过程中，都需要测量工作的密切配合，这种为地质勘探工程的设计、施工和科学研究所做的各种测量工作，称为地质勘探工程测量。

5. 【答案】
地质勘探工程测量的主要任务包括：
(1) 根据勘探工作进行控制测量；
(2) 测绘大比例尺地形图；

(3) 进行大比例尺地质填图测量;

(4) 布设勘探线、勘探工程和测绘勘探剖面;

(5) 测定已完成勘探工程点的坐标和高程;

(6) 为编绘地质图件和储量计算等提供其他必要数据和资料。

6. 【答案】

(1) 大比例尺地质填图是将矿体分布、地层划分、构造类型及水文地质等更详细的情况填入各种大比例尺地形底图上,形成地质图。

(2) 用大比例尺地质填图所形成的地质图,可以进行地质综合分析,正确了解矿床与地质构造关系及其规律,指导勘探工程设计和矿产储量计算。

7. 【答案】

(1) 地质填图的比例尺大小视矿床生成条件、产状、规模、品位情况决定。

(2) 工作比例尺通常为1:10000~1:1000。对于煤、铁等沉积矿床,一般采用1:10000和1:5000;对于铜、铁、锌等有色金属矿床,一般采用1:2000或1:1000;对于某些稀有矿床,还可采用更大比例尺,如1:500。

(3) 通过测绘地质点(地质观察点)来完成大比例尺地质填图工作,也就是从地质点着手,按照一定的地质观察路线,进行地质点的系统连续观察、测量和研究,根据地质点描绘各种岩层和矿体界线,再用规定的地质符号填绘到图上,最后制成所需的地质图。

8. 【答案】

地质观察路线的布置,以能控制各种地质界线和地质体,满足地质调查目的和要求为准,观察路线的密度及布置形式,一般取决于地质调查比例尺、地质复杂程度、航空像片解译程度、地质研究程度、基岩出露程度、物化探资料解译成果及通行条件等因素。观察路线可布设成大体垂直于构造线的穿越路线和沿地质体界线的追索路线。实际工作中,根据具体条件选择不同地质观察路线布置形式。例如:

①在岩层走向稳定地区,垂直岩层走向布置成平行状路线;

②在地质界线不呈线状延伸或近似等轴状的地质体分布地区,布置交叉状或"十"字状路线;

③在构造复杂地区,布置放射状或梅花状路线;

④在黄土等大面积掩盖地区，沿水系河谷等基岩出露处布置树枝状路线等。

9. 【答案】

地质点的选取，一般依据地质调查比例尺、地质复杂程度和覆盖程度等，以能控制各种地质界线和地质体、满足地质调查目的和要求为原则，着重选在地质界线或矿体、蚀变岩石露头等显示矿化的地方，以及断层、褶皱等重要地质现象点和水文地质、地貌等特征点。一般包括：露头、构造点、岩体特征点、矿体界线点、水文点、地貌特征点、重砂点及各种勘探工程揭露的"人工露头"等。

10. 【答案】

一般先平行于矿体走向布设勘探基线，然后垂直于基线布设测线，在每条测线上按照点距布设测点，勘探基线和测线组成了勘探网。在采用RTK法布设勘探网时，也可以不用布设基线，直接布设测线，放样测点。勘探网可根据矿床种类和产状的不同布设成有正方形、矩形、菱形和平行线型等。

11. 【答案】

孔位测设、孔位复测和定位测量。

12. 【答案】

（1）在覆盖层较厚地区内揭露地质现象时使用探槽、探井、取样钻孔等勘探工程。

（2）先初测后定测。通过初测，将图上设计的探孔、探槽位置用RTK法、极坐标法或交会法测设于实地，较长的探槽，还要测设两端的位置；在探槽、探井施工完毕后，再通过定测，测定探槽两端点及探井的坐标和高程。

13. 【答案】

（1）勘探线剖面测量就是测出剖面线上的地形特征点、工程点、地质点及剖面控制点的平面位置及高程，并绘制剖面图，再填绘地层、矿体资料等，获得矿区综合性勘探线剖面图。

（2）勘探线剖面图可用于勘探设计、工程布设、储量计算和综合研究等。

14. 【答案】

先测设剖面起始点和剖面线，然后进行剖面点、转点和剖面控制点测量，最后绘制剖面图。

15. 【答案】

(1) 展绘图廓;(2) 展绘高程线和剖面点;(3) 展绘坐标线;(4) 展绘剖面投影平面图。

第 10 章

1. 【答案】

物化探工程测量是地球物理勘探工程测量和地球化学勘探工程测量的合称，简称物化探测量。它是应用大地测量、航空摄影测量与工程测量等方法，解决物化探工程中的空间定位问题。

2. 【答案】

（1）一般小于 1∶5 万比例尺的物化探工作常采用非规则测网，大于或等于 1∶5 万比例尺的物化探工作常采用规则测网；

（2）非规则测网是按照物化探工作比例尺所规定的测点密度，在一定范围内构成的具有一定自由度的面状测网。通常由物化探人员与测量人员初步议定测区范围、路线和点距，然后测量人员结合测区实际情况，尽量均匀布点，也可能沿一条路线布点，进行路线测量，再由物化探人员进行物理观测（采样）。

规则测网是依据物化探工作比例尺规定的网点密度（线距×点距）所构成的矩形或正方形测网。规则测网先布设基线，基线方向平行于矿体走向，最好通过矿体异常轴。在基线方向上按线距设置基线点，然后通过基线点布设垂直于基线的测线，在测线方向上按点距设置测点，基线与测线组成测网。

3. 【答案】

用"线距×点距"表示测网密度，例如，线距为 50m，点距为 20m 时，测网密度表示为"50×20"。测网密度和大小依工作比例尺和测区大小而定。通常采用的工作比例尺越大，线距和点距越小。

4. 【答案】

线距等于图上 1cm 对应的实地距离，点距等于图上 1~5mm 对应的实地距离。

5. 【答案】

（1）适用性不同：自由网用于新测区，固定网常用于工作过的测区或在已有测网基础上扩展的测区，也用于大面积的新测区；

（2）测网布设要求不同：自由网一般要求测线（或基线）方向可以在一定范围内变动，测点位置不做具体规定，一般在实地先布设基线网，基线网合格后再布设测线形成测网；而固定网是先在地形图上设计测网，计算测设数据，然后进行实地测设。

（3）测网位置确定方法不同：自由网一般先实地布设，然后通过连测来确定测网位置；而固定网是在图上设计测网位置，然后通过测设将设计的测网位置布设于实地。

6. 【答案】

利用地形图或影像布设测网、利用全站仪布设测网和利用 RTK 法布设测网等。

7. 【答案】

物化探测量的主要任务包括：

（1）物化探测量设计；

（2）物化探控制测量；

（3）物化探测网及剖面的布设；

（4）重要地质标志、异常点等与测网的联测；

（5）工作报告的编写。

8. 【答案】

根据物化探的任务、要求（包括勘测目的、测区位置、测区范围、工作比例尺、测网密度、测线方位角、测网位置和执行的测量规范等）进行物化探测网的设计，具体内容包括：

（1）基线条数、方位、通过位置、检核方法、联测控制点、联测方法、布设基线方法；

（2）测线条数、布设方法、检核方法；

（3）测点编号；

(4）仪器设备；

(5）人员组织；

(6）上交资料等。

9.【答案】

根据物化探工作任务书要求及测区具体条件确定。

(1）普查工作的测区，范围一般较大，应包括整个地质条件有利地段；详查工作一般根据普查发现的地质异常情况划定测区范围，测区范围要大于探测对象或异常分布范围，使获得的异常轮廓完整；

(2）兼顾测区边界整齐原则和使测区与附近曾做过的物化探工作区相衔接，也要考虑今后物化探工作的扩展空间。

10.【答案】

(1）基线主要用于控制和布设测线。

(2）基线方向平行于矿体走向，最好通过矿体异常轴。当测区内已有或设计有物化探工程时，应尽可能兼顾或与其一致，以便资料对比。基线位置要考虑通视较好、便于布设、联测和保存。

11.【答案】

测线以垂直于探测对象或已知异常的走向为原则，往往与基线相垂直（或者说与异常走向相垂直）布设测线。当异常走向改变时，测线也应随着改变。但不应过于杂乱。

12.【答案】

(1）测点编号用分数式表示，分母代表测线号，分子代表测点号，分子和分母都是由南向北、由西向东递增；

(2）考虑到今后工作发展，测网西南角点一般不从 $\dfrac{0}{0}$ 起编，而从某整数起编，如 $\dfrac{1000}{1000}$；

(3）目前生产中常用编号方法有连续编号法、双号法、跳号法、里程编号法等。

13.【答案】

（1）采用传统方法如全站仪布设测网时，物化探测网的施测分为基线的布设和测线的施测。根据拟定基线位置，先确定起始基点，然后测设基线方向，按线距确定其它基点。特殊情况下设转站点，并通过与已知点联测进行检核。基线布设经检核合格后，方可布设测线。测线可起闭于控制点、基线点、基线转站点的任何两点之间。布设方法与基线基本相同，只是精度要求较低；

（2）采用 RTK 法布设测网时，一般采用基准站方式或 CORS 方式，结合设计的各测线点坐标，逐条测线逐点进行点位放样，并通过不少于 3%的复测点进行质量检查。

14. 【答案】

（1）重力勘探时，为进行重力值的改正，需要测定所有测点和基点的高程，以确定它们相对于重力总基点的高差。

（2）一般采用水准测量、三角高程测量、全站仪垂距测量法等方法。随着 GNSS 技术普及，GNSS 高程拟合也成为物化探高程测量的一种有效方法。

15. 【答案】

测网联测是为了把自由网纳入到统一坐标系统中，为地质、物化探成果在地形图上正确表示提供数学基础。埋石是在实地标定测网和异常位置，以便今后恢复测网及满足进一步布设地质、探矿工程的需要。联测点主要是埋石点。此外对重要的地质标志（地质点、探槽、浅井和钻孔等）以及影响异常解释的地物，如铁路，高压线等也要联测。

16. 【答案】

分为基线的质量检查和测线的质量检查。

（1）基线的质量检查贯穿于布设的全过程中，其检查方法有闭合检核、附合到已知点上以及联测检核等。经检查发现问题，及时处理。每条基线布设的精度，以其闭合差 f_G 表示：

$$f_G = \sqrt{(X_{联测} - X_{已知})^2 + (Y_{联测} - Y_{已知})^2}$$

式中：$X_{联测}$、$Y_{联测}$、$X_{已知}$、$Y_{已知}$ 分别为联测坐标和已知坐标。

然后与允许闭合差比较，当小于允许闭合差时，则基线质量合格。

（2）测线的质量检查地段应均匀分布全测区，尤其应对测区最弱点部位重点检查。检查的数量和要求通常按《物化探工程测量规范》(DZ/T 0153—2014)进行。检查方法有：

①重复观测法：它是对某条测线重新布设测点（检查点），或在某测线转站点上重新布设部分测点。量取原测点与检查点位置的差值，以及原测点距与检查点距的差值。

②横切测线法：它是起闭于基线点、横穿测线布设一条检查线，在检查线上重新布设测点（检查点），同时在实地量取原测点与检查点位置之间的差值。

每条测线的精度，以实地量取的测线闭合差衡量，小于允许闭合差时则测线质量合格。

17.【答案】

综合考虑相对于基本控制点的点位中误差 $m_{控}$、基线最弱点的点位中误差 $m_{基}$、测线相对于基线点的最弱点点位中误差 m_d，进行测点的最终精度估算。

当测区较大、基线条数较多时，整个测区基线点相对于控制点的最弱点点位中误差可计算为：

$$m_{基} = \sqrt{\frac{\sum\left(\frac{f_G}{2}\right)^2}{N_G}}$$

式中：f_G 为基线实测闭合差；N_G 为闭合差个数。

整个测区测点相对于基线点的最弱点点位中误差 $m_{测}$，按闭合差计算的公式为：

$$m_{测} = \sqrt{\frac{[f_C f_C]}{N_C}}$$

式中：f_C 为测线闭合差；N_C 为测线闭合差个数。

测点相对于基线点的点位中误差 m_d 的计算公式为：

$$m_d = \sqrt{\frac{[dd]}{2n}}$$

式中：d 为检查点与原测点位置的较差（等精度观测）。

当检查观测起闭于基线点时，计算公式如下：

$$m_{点} = \sqrt{m_{控}^2 + m_{基}^2 + m_d^2}$$

式中：$m_{控}$ 为控制点相对于基本控制点的中误差。所谓基本控制点，这里是指 10″ 级以上的控制点。

18.【答案】

RTK 物化探测量与全站仪物化探测量比较，不需要布设基线和确定起始基点，测网仅由一系列平行的测线构成，测线上每隔一定距离设置物化探测点。

19.【答案】

分为基准站模式和 CORS 模式。

当采用基准站模式时，作业流程如下：

（1）准备工作；

（2）基准站接收机设置；

（3）流动站接收机设置（设置测区中央子午线、坐标系统、数据链为电台或网络模式及相应频道等信息）；

（4）坐标转换参数解算；

（5）已知点上检验；

（6）测线布设。

当采用 CORS 模式时，作业方法和流程相对简单：

（1）准备工作；

（2）流动站接收机设置（设置测区中央子午线、坐标系统、数据链为 CORS 模式及相应账号、密码等信息）；

（3）坐标转换参数解算（若采用 CGCS2000 坐标系，此步骤省略）；

（4）已知点上检验；

（5）测线布设。

20.【答案】

有两种方法：

（1）直接利用工区内已有坐标转换参数；

（2）利用工区内和周边具有 WGS-84 坐标和国家坐标（或地方坐标）的控制点解算坐标转换参数。精度要求较高时，采用至少三个已知点解算坐标转换七参数；精度要求不高时，可以采用一个已知点解算坐标转换三参数。

21.【答案】

采用 RTK 布设测线时，首先在手簿上通过创建项目，设置中央子午线、坐标系、投影等，将控制点坐标及设计测线（点）坐标导入手簿，然后根据测区实际情况采用已知点或未知点架设基准站，设置移动站，进行各测线上测点的 RTK 坐标放样。

（1）当基准站架设在已知点上时，首先设置基准站参数（已知点坐标、仪器高、数据链方式等）配置好基准站后，断开基准站进行流动站设置（输入基准站 SN 码、杆高、数据链方式），固定解后到另一控制点上进行校核，在限差内，就可以选择任意测线开始放样工作。此模式适合小范围测区的物化探测量。

（2）当基准站架设在未知点上时，首先设置基准站数据链方式，然后平滑采集基准站位置坐标，断开基准站进行流动站设置（输入基准站 SN 码、杆高、数据链方式等），当流动站数据链接收正常达到固定解后，根据至少两个已知点进行工地校正，使流动站手簿显示已知点正确坐标值，接着流动站到另外已知点上进行校核，在限差内，则开始进行各测点的 RTK 坐标放样。

22.【答案】

该法一般用于工作比例尺等于或小于 1∶10000 的物化探测网布设，尤其适合于地物较多便于定点的测区，分为不规则测网布点和规则测网布点。

（1）不规则测网布点：首先根据设计的点距或每平方千米的点数，在图上圈出点的概略位置。然后拟定布设路线。布点时沿设计的布设路线，并结合实际点位情况选定测点位置，再将其填绘到图上并标明点号，即图上定点法。可以根据手持 GPS 测量的坐标定点；也可以根据地形、地物目估定点，或者采用罗盘仪交会法定点。

（2）规则测网布点：首先按设计的测线方向和测网密度将测网展绘于地形图上，并每隔 5 行写出编号。到实地可利用手持 GPS 测量与地形地物判读相结合的方式确定点位。点位确定后，插下标志旗并标以点号。如果测线上明显地物较少，可以采用手持 GPS 测量、后方交会、侧方交会或罗盘仪交会检查所设点位；如果测点位于池塘、深谷等无法布点的位置，可以空其位置和点号，或在其附近另补一点，但须注明。

23.【答案】

（1）优越性：正射影像信息丰富，直观性强，有立体感。用正射影像布设测网,定点容易,劳动强度小,节省人力、物力。

(2)局限性:图解精度低,地物地貌特征不明显时受限制。该法适用于高差不超过20~50m的平坦、丘陵、地物地貌特征明显的地区,常用于布设工作比例尺等于或小于1∶1万的物化探测网。

24.【答案】

将物化探测网展绘到正射影像上,再到实地布点。如果航摄比例尺大于1∶1.4万,放大成1∶5000的正射影像,布点时辅以测绳。

第 11 章

1.【答案】

(1) 建筑工程测量是指在建(构)筑物勘测设计、施工建设、运营管理阶段所做的各种测量工作。

(2) 内容包括勘测设计阶段的地形图测绘及为水文地质、工程地质等勘测工作所进行的测量;施工建设阶段的施工测量;运营管理阶段的变形监测及维修养护测量。

2.【答案】

(1) 场地平整测量;(2) 施工控制测量;(3) 建筑物定位及放样测量;(4) 管道定位及放样测量;(5) 竣工测量。

3.【答案】

(1) 按照设计要求改造场区地形地貌。

(2) 使场地适合布置和修建建筑物、便于组织排水、交通运输和敷设地下管线等。

4.【答案】

(1) 满足工程设计要求;

(2) 顾及土石方工程量大小;

(3) 填挖方平衡原则。

5.【答案】

方格网法、断面法、等高线法等

6.【答案】

(1) 场地方格网测设及方格点高程测量;(2) 计算设计高程;(3) 计算填

挖高度；（4）确定施工零线并实地标定；（5）计算土方量；（6）测设方格点的设计高程。

7. 【答案】

当场地平整为平面时，各方格点的设计高程为场地的平均高程，即各方格点的高程加权平均值。

各方格点的设计高程：$H_{设} = H_{平} = \dfrac{\sum P_i H_i}{\sum P_i}$

式中：H 代表高程，P 代表权，每个方格点高程的权是与该方格点相关的方格个数。

8. 【答案】

当场地平整为一个坡度时，先求出场地的平均高程 $H_{平}$，作为整个方格网图形重心处的设计高程；再以图形重心处的设计高程，按设计坡度计算各断面的设计高程。如图 11-1 所示，场地平均高程为 34.67m，方格边长为 20m，设计坡度为 2‰，则各断面的设计高程为

$$H_{AB} = 34.67 - 30 \times 0.002 = 34.61 \text{（m）}$$
$$H_{CD} = H_{AB} + 20 \times 0.002 = 34.65 \text{（m）}$$
$$H_{EF} = H_{CD} + 20 \times 0.002 = 34.69 \text{（m）}$$
$$H_{GH} = H_{EF} + 20 \times 0.002 = 34.73 \text{（m）}$$

9. 【答案】

（1）先按加权平均求出场地的平均高程：$H_{平} = 34.67\text{m}$。

（2）按设计坡度计算各方格点相对于 B 点的高差，如图 11-2 所示。

（3）计算这些高差的平均值。对于图 11-2 这种方形或矩形情况，只需要计算其外周 4 个角点的平均值即可得到高差平均值，得 $h_{平} = 0.21\text{m}$。

（4）用场地平均高程减去这个平均高差，得 B 点设计高程。

$$H_{B设} = H_{平} - h_{平} = 34.67 - 0.21 = 34.46 \text{（m）}$$

（5）把各方格点相对于 B 点的高差加上 B 点的设计高程，即得各方格点设计高程，这些设计高程标示于图 11-2。

10. 【答案】

$$x = \frac{|h_1|}{|h_1| + |h_2|}a = \frac{1.234}{1.234 + 1.345} \times 20 = 9.570(\text{m})$$

11. 【答案】

以建筑物主要轴线作为坐标轴建立施工坐标系,如工业建设场地,常以主要车间或主要生产设备的轴线为坐标轴来建立施工坐标系。

12. 【答案】

(1) 任一点 P 由施工坐标系转为测量坐标系:

$$\begin{bmatrix} X_p \\ Y_p \end{bmatrix} = \begin{bmatrix} X_0 \\ Y_0 \end{bmatrix} + \begin{bmatrix} \cos\alpha & -\sin\alpha \\ \sin\alpha & \cos\alpha \end{bmatrix} \begin{bmatrix} x_p \\ y_p \end{bmatrix}$$

(2) 任一点 P 由测量坐标系转为施工坐标系:

$$\begin{bmatrix} x_p \\ y_p \end{bmatrix} = \begin{bmatrix} \cos\alpha & \sin\alpha \\ -\sin\alpha & \cos\alpha \end{bmatrix} \begin{bmatrix} X_p - X_0 \\ Y_p - Y_0 \end{bmatrix}$$

13. 【答案】

设建筑限差为 Δ,则点位中误差 $m_{点} = \Delta/2$,$m_{点}$ 由测量中误差和施工中误差组成,测量中误差又由控制点误差和施工放样误差引起,一般认为各误差独立,则

$$m_{点}^2 = m_{测量}^2 + m_{施工}^2 = m_{控制}^2 + m_{放样}^2 + m_{施工}^2$$

设测量和施工误差影响相等,则

$$m_{测量} = \sqrt{m_{控制}^2 + m_{放样}^2} = m_{施工} = \frac{m_{点}}{\sqrt{2}} = \frac{\Delta}{2\sqrt{2}}$$

考虑到施工放样时,测量条件受施工干扰较大,为紧密配合施工,难以用多余的观测来提高放样精度,而建立施工控制网时,测量条件较好,有足够时间用多余观测来提高测量精度,按照控制点误差影响相对于施工放样误差影响忽略不计的原则,控制点中误差的影响取为:

$$m_{控} = \frac{m_{放}}{3} = \frac{1}{3} \cdot \frac{3}{\sqrt{10}} m_{测量} = \frac{\Delta}{4\sqrt{5}}$$

14. 【答案】

$$\varepsilon = \frac{ab}{2(a+b)} \cdot \frac{(180° - \beta)}{\rho} = \frac{150 \times 200}{2 \times (150 + 200)} \cdot \frac{(180° - 179°59'42'')}{206265}$$

= 3.8(mm)

15. 【答案】

(1) 在建筑场地,为满足工程施工中高程放样及施工期间建筑物基础沉降观测要求,应建立高程控制网;

(2) 高程控制网中水准点的密度应尽可能满足一站即可测设出所需点高程。一般建筑方格网点也可作为高程控制点。为方便高程放样,通常每幢建筑物还应测设出±0水准点(其高程为该幢建筑物的室内地坪设计高程),用于高程放样。

16. 【答案】

(1) 民用建筑主要指住宅、学校、办公楼、商店、医院等建筑物;

(2) 民用建筑施工放样内容包括:建筑物定位测量、龙门板或轴线控制桩的设置、基础施工测量、建筑物上部主体施工测量等。

17. 【答案】

(1) 建筑物定位测量就是测设建筑物外廓轴线的交点;

(2) 主要有以下几种定位测量方法:

①根据控制点采用直角坐标法或极坐标法进行定位;

②根据已有建筑物采用延长直线法、平行线法或直角坐标法进行新建建筑物定位;

③根据建筑物红线利用建筑红线与设计建筑物相隔的距离关系,进行建筑物定位。

18. 【答案】

建筑物定位后,所测设的轴线交点桩(或称角桩),在施工开槽时将被挖除,为方便施工,需要设置龙门板,以便随时恢复各轴线位置。

19. 【答案】

在有些建筑工地,不便于设置龙门板时,可以设置轴线控制桩(或称引桩)代替龙门板,恢复轴线位置。通过将轴线交点桩引测到基槽开挖边线以外,不受施工干扰并便于保存的地方,用木桩顶面小钉标明轴线方向,设置轴线控制桩,或将轴线控制桩标记到周围建筑物上。

20. 【答案】

基础工程的施工测量一般包含基槽开挖边线放样、基槽开挖深度控制、基础施工基准线放样及基础施工检查测量。

21.【答案】

在我国，4层以下为一般建筑；5~9层为多层建筑；10~16层为小高层；17~40层为高层建筑；40层以上为超高层建筑。

22.【答案】

建筑物主体施工测量主要工作是建筑物轴线投测和标高传递。

23.【答案】

对于一般建筑和多层建筑，其轴线投测可采用吊锤投影法或全站仪投测法，高程传递可用悬挂钢尺法等。

24.【答案】

（1）建立内、外控制网相结合的施工控制网；（2）采用激光铅直仪或光学垂准仪，通过施工楼层的预留孔将内控制点传递到各施工楼层；（3）以传至某层的内控制点为依据，恢复楼层控制网的控制轴线，再用经过校核的控制轴线测设建筑物的楼层轴线，指导模板安装及施工；（4）计算每层的垂直度 k 和全高垂直度 K，评价和衡量高层建筑物施工质量。

25.【答案】

在楼层的相应位置选择一定数量的代表性特征点，拆模后，根据楼层的控制轴线，测量施工后各特征点的坐标 $(x_{实际}, y_{实际})$，与设计坐标 $(x_{设计}, y_{设计})$ 对比，计算出每层垂直度 k 和全高垂直度 K：

$$\begin{cases} \Delta x = \dfrac{\sum_{i=1}^{n}(x_{实际} - x_{设计})}{n}, \ \Delta y = \dfrac{\sum_{i=1}^{n}(y_{实际} - y_{设计})}{n}, \ f = \sqrt{\Delta x^2 + \Delta y^2} \\ k = \dfrac{f}{h} \\ K = \dfrac{f}{H} \end{cases}$$

式中：n 为比对特征点数，h 为层高，H 为建筑物高度。

26.【答案】

全站仪天顶测距法高程传递如图 11-6 所示：

（1）把全站仪架设在 ±0 面的内控制点上，将仪器视准轴调至水平（天顶距为 90°），照准位于底层 1m 标高线处的水准尺，获取全站仪三轴交点处高程；

（2）使望远镜朝上（天顶距为 0°），通过各层轴线传递孔向上测距，获取传递孔上安置棱镜处的高程；

（3）在传递孔安置棱镜处置放水准尺，采用水准测量放样该层 1m 处的标高线，指导施工。

27.【答案】

（1）将钢尺零端朝下悬挂于高层建筑物的侧面；

（2）水准仪架设在底层，后视底层 1m 线处的水准尺，获取底层水准仪视线高程，前视钢尺，获取钢尺读数；

（3）将水准仪搬至需要进行高程放样的楼层，后视钢尺，获取读数，计算该层水准仪视线高程，前视水准尺，结合该楼层的设计标高就可以放样出该层 1m 线，指导施工。

28.【答案】

（1）厂房控制网是厂房柱列轴线及内部独立设备测设的依据。

（2）基线法和主轴线法。

29.【答案】

（1）按铺设方法，分为地下管道和架空管道；按内介质输送机理，分为有压管道和自流管道；

（2）一般情况下，架空管道的定位精度高于地下管道，自流管道的标高测设精度高于有压管道。

30.【答案】

（1）准备工作（收集资料、现场踏勘）；（2）施工控制测量；（3）管道中线测量（主点的测设，里程桩、加桩及附属构筑物的测设，施工控制桩的测设）；（4）槽口放线；（5）施工标志（中线钉、坡度钉）的测设。

31.【答案】

顶管施工技术。

32.【答案】

竣工总平面图是反映工程竣工后场地内全部建（构）筑物的平面和高程位置的图件，竣工总平面图是综合竣工测量成果和设计资料、施工资料编绘得到的。

33.【答案】

（1）沉降监测作业简单、精度高；

（2）它既能提供沉降量，还可以推算建筑物的倾斜；

（3）大多数情况下，建筑物在发生其他变形（如位移）的同时，常会产生沉降。

34.【答案】

变形监测的精度与观测的目的有关。

（1）如果观测的目的是安全监测，观测中误差应小于允许变形值的 1/10～1/20；

（2）如果观测的目的是科学研究，观测中误差应小于允许变形值的 1/20～1/100，特殊情况下，应以目前能够达到的最高精度监测。

35.【答案】

（1）一般由基准点和监测点构成，有时还要布设工作基点。

（2）基准点布置：基准点是用来监测布置在建筑物上监测点的变形，采用远离或深埋的方式布置，一般最少布设 3 个基准点，构成沉降监测控制网，以便互相校核；

监测点布置：监测点需布置在能够反映建（构）筑物变形特征和变形明显的部位且与建筑物牢固连接，监测点的位置和数量应根据建筑物的结构、基础形式、地质条件及便于观测等综合确定，要求布置的监测点能全面反映建筑物的沉降情况。

工作基点的布置：当基准点距离监测点较远，不便于观测监测点变形时，还可以在基准点和监测点之间采用深埋方式布设工作基点。

36.【答案】

固定作业人员、固定仪器设备、固定测量路线。

37.【答案】

包括沉降监测网的数据处理和监测点的时间序列监测数据的处理。对于监测网，需经平差计算获取控制网中各期基准点高程，并检验基准点的稳定性，据此得出监测点高程。对于监测点，需计算出各观测点上按时间序列的高程，并作回归分析、相关分析、统计检验，确定变形过程和趋势，以判定建筑物是否安全运营。

第 12 章

1. 【答案】

(1) 勘测设计阶段、施工阶段、运营管理阶段。

(2) 道路设计与道路测量关系如图：

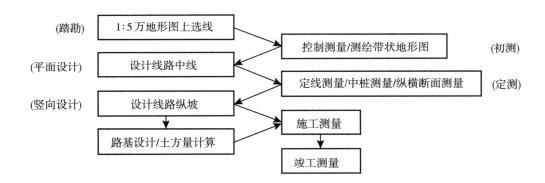

2. 【答案】

分为初测和定测两个阶段。

3. 【答案】

(1) 主要是依据小比例尺地形图上选择的路线，到实地测绘大比例尺带状地形图。

(2) 道路初测有航空摄影测量法、全站仪测量法和 RTK 法等。

4. 【答案】

(1) 一般情况下，平坦地区测图比例尺为 1∶5000～1∶2000，困难地区为

1∶2000；

（2）测图宽度依比例尺确定，当测图比例尺为 1∶2000 时，测图宽度为 200~300m（道路每侧 100~150m）；测图比例尺为 1∶5000 时，测图宽度为 400~600m（道路每侧 200~300m）。

5. 【答案】

（1）将带状地形图上精密设计的线路中线放样到实地，并结合实地情况改善线路。

（2）定测工作一般分为定线测量、中桩测量和纵、横断面测绘。

6. 【答案】

支距放线法、拨角放线法、全站仪极坐标法、RTK 法等。

7. 【答案】

（1）线路纵断面是指沿线路方向的竖直剖面。

（2）线路纵断面测绘就是测定线路中线上各中桩的高程，并绘制纵断面图。

8. 【答案】

纵断面测绘时测定沿线各中桩高程的测量工作称中平测量，一般采用插前视水准测量法，起闭于初测时高程控制的基平点。

9. 【答案】

线路纵断面图表示线路中线方向的地形起伏、地面高程、设计高程、坡度、填挖土方、桩号等。

10. 【答案】

（1）线路横断面是垂直于线路中线的竖直剖面。

（2）线路横断面测绘就是测量各中桩处垂直于线路方向的地形起伏，并绘制横断面图。

11. 【答案】

横断面图可作为路基、桥涵、隧道、站场设计及土石方量计算的依据。

12. 【答案】

道路施工测量的主要工作包括线路复测、中桩的护桩设置、路基放样和竖曲线测设。

13. 【答案】

中线测量、高程测量、横断面测量。

14. 【答案】

包括控制测量、桥梁轴线、墩台、梁等的放样。

15. 【答案】

在隧道施工中，由于地面控制测量、联系测量、地下控制测量以及施工放样的误差，使得两个相向开挖工作面的施工中线，不能理想地衔接而产生错开现象，错开的距离即贯通误差。

16. 【答案】

贯通误差分别在线路中线方向、垂直中线方向和高程方向的投影，相应被称为纵向贯通误差、横向贯通误差和高程贯通误差。

17. 【答案】

把地面控制系统经由竖井传递到地下，指导施工。

18. 【答案】

(1) 提高了地下导线精度；

(2) 外业测量简单；

(3) 占用井筒时间短，对生产影响更小。

19. 【答案】

(1) 计算视线高程：

$$H_i = H_A + 1.328\text{m} = 429.72\text{m}$$

(2) 计算距 B、C、D 处腰线点的设计高程（高出设计底板 1.0m）：

$$H_{B腰} = H_{A设计} + 26\text{m} \times 15‰ + 1.0\text{m} = 429.89\text{m}$$

$$H_{C腰} = H_{A设计} + 28\text{m} \times 15‰ + 1.0\text{m} = 429.92\text{m}$$

$$H_{D腰} = H_{A设计} + 30\text{m} \times 15‰ + 1.0\text{m} = 429.95\text{m}$$

(3) 计算放样数据

$$\Delta H_B = H_{B腰} - H_i = 0.17\text{m}$$

$$\Delta H_C = H_{C腰} - H_i = 0.20\text{m}$$

$$\Delta H_D = H_{D腰} - H_i = 0.23\text{m}$$

（4）在 B、C、D 处的边墙上标出视线高，在 B、C、D 处视线高位置处分别向上量取 0.17m、0.20m、0.23m，得到对应的腰线点，连线即得到腰线。

实习一

1.【答案】

地籍是记载土地的权属、界址、数量、质量和用途等基本情况的图册和簿册,是土地管理的基本资料。

2.【答案】

土地权属调查指通过对土地权属及其权利所涉及的界线的调查,在现场标定土地权属界址点、线,绘制宗地草图,调查宗地用途,填写地籍调查表,为地籍测量提供工作草图和依据。

3.【答案】

土地权属调查的基本单元是宗地。

4.【答案】

地籍测量是以权属调查为依据,以宗地为单位,利用测绘技术,精确测出各类土地的位置、境界、面积等,绘制地籍图,为土地登记及土地管理提供依据。

5.【答案】

地籍调查工作包括权属调查和地籍测量两部分。

6.【答案】

地籍测量包括地籍控制测量和地籍细部测量。地籍细部测量包括界址点测量、地籍图测绘、宗地面积测算、宗地图绘制等。

7.【答案】

土地权属调查和地籍测量是地籍调查的两个阶段:

(1)权属调查是遵循规定的法律程序,根据有关政策,利用行政手段,调查核实土地权属状况，确定界址点和权属界线的工作。权属调查是行政性工作。

（2）地籍测量是在权属调查的基础上，运用测绘科学技术测定界址线的位置，计算面积，绘制地籍图的工作。地籍测量是技术性工作。

8.【答案】

地籍编号原则包括适应性、唯一性、统一性、可扩展性、可更新性、实用性等。

9.【答案】

行政区代码为220381，土地所有权类型为国家土地所有权。

10.【答案】

地籍管理工作包括土地调查、土地登记、土地统计、土地分等定级和地籍档案与信息管理等。

11.【答案】

地籍图上一类界址点相对于临近图根点的点位中误差不得超过5cm。

12.【答案】

宗地草图是描述宗地位置、界址点、线和相邻宗地关系的实地记录，在地籍调查时实地测绘，是处理土地权属的原始资料。

13.【答案】

界址点是宗地权属界线的转折点，即拐点，是标定宗地权属界线的重要标志。

14.【答案】

间隙地是指无土地使用权属主的空置土地；飞地是指镶嵌在另一个土地所有权地块中的土地所有权地块。

15.【答案】

地籍功能包括地理性功能、经济功能、产权保护功能、土地利用管理功能、决策功能、管理功能等。

16.【答案】

（1）选择地籍图比例尺的依据包括繁华程度和土地价值、建设密度和细部粗度、测量方法等因素。

（2）城镇地区地籍图的比例尺一般包括 1∶500、1∶1000、1∶2000，其基本比例尺为 1∶1000；农村地区地籍图的测图比例尺一般包括 1∶5000、1∶1万、1∶2.5万、1∶5万。

17. 【答案】

初始地籍调查是初始土地登记之前的区域性普遍调查，是工作区域的初始调查；变更地籍调查是在土地信息发生变化时利用初始地籍调查成果对变更宗地的调查，其目的是为了保持地籍资料的现势性和连续性。

18. 【答案】

（1）土地审批、转用、占用、转让、登记以及土地勘测定界等资料；

（2）履行指界程序形成的地籍调查表等地籍调查成果；

（3）县级以上人民政府自然资源主管部门的土地权属争议调解书；

（4）县级以上人民政府或者相关行政主管部门的批准文件、处理决定；

（5）人民法院的判决书、仲裁机构生效的法律文书或者调解书。

19. 【答案】

（1）发放指界通知书；

（2）收取权源材料，指界并签字盖章；

（3）设置界址点和界标；

（4）量测界址边长；

（5）绘制宗地草图；

（6）填写地籍调查表。

20. 【答案】

不同等级的行政界线重合时，遵循高级覆盖低级的原则，只表示高级界线，在拐点处不得间断。

21. 【答案】

当土地权属界线与行政界线重合时，应结合线状地物符号突出表示土地权属界线，行政界线可移位表示。

22. 【答案】

（1）在城镇建成区，通常采用导线布设地籍图根控制网。以一个或几个街区为单位，布设首级地籍导线网，然后采用二级附合导线或导线网加密；

（2）在建筑物稀少、通视情况良好的地区，可以采用 GNSS 测量。

第三部分 参考答案

23.【答案】

(1) 地籍图包括地籍要素和必要的地形要素,一般不表示等高线。

(2) 地籍图精度要求比地形图高。

(3) 地籍图是一种土地管理图,主要用于地籍管理和土地登记。

(4) 地籍图是具有法律效力的技术资料。

24.【答案】

地籍面积测算方法有几何图形法和坐标法,主要是坐标法。

25.【答案】

从整体到局部,层层控制,逐级按比例平差。

26.【答案】

一般包括资料的收集整理、数据的分类、图形数据拓扑、闭合等检查、数据逻辑性的检查、图像资料的扫描整理等内容。

实习二

1.【答案】

(1) 了解物化探测网布设及高程测量的方法与步骤,掌握简单测网的布设、高程测量及联测;

(2) 兴城夹山物化探测量实习各小组独立完成的任务有:

①基线点检核;

②采用 RTK 法布设测线;

③测点高程测量;

④测点平面位置和高程精度评定;

⑤成果整理与实习报告编写。

2.【答案】

方便物化探测点找寻。物化探测网点位放样后,一般在红布条上写明测点号,分别系于两处:

(1) 系于测点附近树上高处,便于远处找寻;

(2) 系于测点木桩上,便于近处找寻。

3.【答案】

(1) 主要优点:

①不需要先布设基线再布设测线,测量工作程序简单;

②测量速度快;

③精度比较均匀;

④不需要通视。

(2) 局限性:

在树木茂密的山区和通信信号不好的地方，应用受限。

4. 【答案】

（1）便于分辨和查找测量记录。

（2）20210710—100。

5. 【答案】

（1）线距：50m；点距：5~25m；

（2）测网密度：50m×20m。

6. 【答案】

（1）高斯投影；

（2）三度带。

7. 【答案】

源椭球选择"WGS84"，目标椭球选择"CGCS2000"。

8. 【答案】

（1）需要设置数据链、服务器、具体服务器、分组类型、基站S/N号等；

（2）各项内容设置如下：

数据链：手簿差分；

服务器：ZHD；

具体服务器：比如选"中海达2"；

分组类型：基准站机身号；

基站S/N号：机身号，如10026456。

9. 【答案】

要求在移动站气泡居中和显示"固定解"状态下，才能测存记录。

10. 【答案】

（1）*.dat格式、*.csv格式、*.txt格式、*.shp格式、*.dxf格式等；

（2）*.csv格式。

11. 【答案】

在主菜单下，选择<项目>→<数据交换>，然后选择交换类型为<导出>→选择文件类型→输入导出文件名→<确定>，则数据自动保存到手簿内存/ZHD/OUT中，最后通过蓝牙或数据线传到电脑。

12.【答案】

一般不超过 5cm。

13.【答案】

采用公式 $M_{点位放样} = \sqrt{\dfrac{[\Delta \cdot \Delta]}{n}}$ 计算点位放样精度，其中 Δ 为检测点与该点的设计点位之差；n 为检测点数量。

14.【答案】

采用公式 $M_{点位测量} = \sqrt{\dfrac{[d \cdot d]}{2n}}$ 计算点位测量精度，其中 d 为两次测量的点位之差；n 为测量点数量。

15.【答案】

仪器安置→整平→瞄准→读数。

16.【答案】

水准仪、三脚架、一对水准尺、尺垫。

17.【答案】

对于 i 角大于 20″的水准仪，必须进行校正。

18.【答案】

（1）四位；

（2）米、分米、厘米位直接读取；

（3）毫米位估读。

19.【答案】

（1）毫米位读错或记错必须重测重记；

（2）如：水准测量中的黑、红面读数；后视、前视读数。

20.【答案】

整个测站从左上方到右下方用斜线划掉，下面重新记录。

21.【答案】

（1）视距部分：

后视距、前视距：单位 mm，保留至 mm；

前后视距差、前后视距累积差：单位 m，保留至 0.1m。

(2) 高差部分：

单位 mm，保留至 mm。

(3) 高差中数：

单位 m，保留至 0.1mm。

22. 【答案】

视距≤100m；前后视距差≤3m；前后视距累积差≤10m；黑红面读数差≤3mm；黑红面所测高差之差≤5mm。

23. 【答案】

(1) 自由网和固定网；

(2) 固定网。

24. 【答案】

兴城夹山物化探测网由 1 条基线和 12 条测线构成。

(1) 基线上各基点从西到东编号依次为 50/89，50/90，50/91，…，50/100；

(2) 测线从西到东编号依次为 89，90，91，…，100；

(3) 测点采用双号编号法，以 100 线为例，从南到北测点编号依次为 34/100，36/100，38/100，…，74/100。受地形限制，89、90、91 三条测线，测点进行了平移，以 89 线为例，从南到北测点编号依次为 16/89，18/89，20/89，…，56/89。

25. 【答案】

(1) 127°20′；

(2) 40m×20m。

实习三

1. 【答案】

包括控制测量、细部测量、地形图应用、点位放样、高程放样。

2. 【答案】

平面采用导线测量，高程采用水准测量。

3. 【答案】

全站仪、脚架、棱镜、锤子、自喷漆、2H 铅笔、刀片、橡皮、记录板、导线记录手簿、导线测量计算纸、计算器等。

4. 【答案】

包括导线略图的绘制、角度闭合差的计算及分配、方位角的计算、坐标增量的计算、坐标增量闭合差的计算及分配、导线点坐标的计算。

5. 【答案】

水准仪、脚架、水准尺、尺垫、锤子、自喷漆、2H 铅笔、刀片、记录板、水准记录手簿、水准测量计算纸、计算器等。

6. 【答案】

后尺黑面上丝→后尺黑面下丝→后尺黑面中丝→前尺黑面上丝→前尺黑面下丝→前尺黑面中丝→前尺红面中丝→后尺红面中丝，即"黑黑红红"或"后前前后"，也可以采用"黑红黑红"或"后后前前"。

7. 【答案】

采用全站仪与 RTK 配合的方法，RTK 采集不到数据的细部点或 RTK 测量数据精度较差的细部点用全站仪极坐标测量法。

8. 【答案】

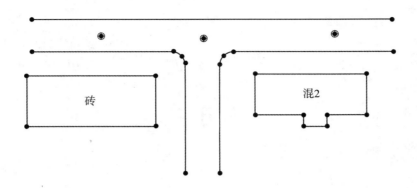

9.【答案】

设仪器高为 i，P 点的目标高为 v，则目标点 P 的测量坐标为：

$$\begin{cases} X_P = X_A + S_{AP} \cdot \sin V_{AP} \cdot \cos \alpha_{AP} \\ Y_P = Y_A + S_{AP} \cdot \sin V_{AP} \cdot \sin \alpha_{AP} \\ H_P = H_A + S_{AP} \cdot \cos V_{AP} + i - v \end{cases}$$

10.【答案】

应用南方测绘公司成图软件系统 CASS 进行内业成图，具体包括：①导入 *.dat 格式测量文件；②绘平面图；③绘等高线；④分幅与修饰；⑤编辑检查等。

11.【答案】

点位放样可以采用全站仪放样，也可以采用 RTK 放样。全站仪放样方法有极坐标法、直角坐标法、方向线交会法、角度交会法、距离交会法、坐标测量法等。

12.【答案】

如图 3 所示，设 A、B 为已知的控制点，P 为待放样点。根据 A、B 的已知坐标 (X_A, Y_A)、(X_B, Y_B) 和 P 的设计坐标 (X_P, Y_P)，计算极坐标法点位放样的放样数据 β 和 S。

$$\begin{cases} \alpha_{AB} = \arctan \dfrac{Y_B - Y_A}{X_B - X_A},\ \alpha_{AP} = \arctan \dfrac{Y_P - Y_A}{X_P - X_A},\ \beta = \alpha_{AP} - \alpha_{AB} \\ S = \sqrt{(X_P - X_A)^2 + (Y_P - Y_A)^2} \end{cases}$$

可用 $S = \dfrac{\Delta X_{AP}}{\cos\alpha_{AP}} = \dfrac{\Delta Y_{AP}}{\sin\alpha_{AP}}$ 进行计算检核。

13. 【答案】

如图 3 所示，将全站仪安置在 A 点，以 B 点定向，放样角度 β，得一方向线，在此方向线上放样距离 S，就可以得到设计点 P，用标桩固定。实际作业时，为提高 P 点的放样精度，还可以采用一测回或多测回放样。

14. 【答案】

场地平整、基坑开挖、建筑物地坪高程确定、隧道底板高程标定、线路按设计坡度放样等。

15. 【答案】

如图 4 所示，在 A、B 两点之间安置水准仪，a 为 A 点上的水准尺读数，则仪器视线高程为 $H_i = H_A + a$，则 B 处的水准尺读数应为：

$$b = H_i - H_B = H_A + a - H_B$$

在 A、B 两点之间安置水准仪，后视已知高程点 A 处水准尺获取读数 a，计算 B 处水准尺读数 b，在 B 处上下移动水准尺，直至读数为 b 时，则水准尺底部零点位置即为设计高程 H_B 的位置，作上标记。

参 考 文 献

1. 臧立娟，王凤艳．测量学［M］．武汉：武汉大学出版社，2018.
2. 臧立娟，王民水．测量学实验实习指导［M］．武汉：武汉大学出版社，2021.
3. 程效军，鲍峰，顾孝烈．测量学［M］．上海：同济大学出版社，2016.
4. 李青岳，陈永奇．工程测量学［M］．北京：测绘出版社，1997.
5. 张正禄．工程测量学［M］．武汉：武汉大学出版社，2017.
6. 中华人民共和国国家质量监督检验检疫总局，中国国家标准化管理委员会．国家三、四等水准测量规范（GB/T 12898—2009），2009.05
7. 中华人民共和国国土资源部．物化探工程测量规范（DZ/T 0153—2014），2014.09.